U0342069

MODERN WORLD ARCHITECTURE COLLECTION

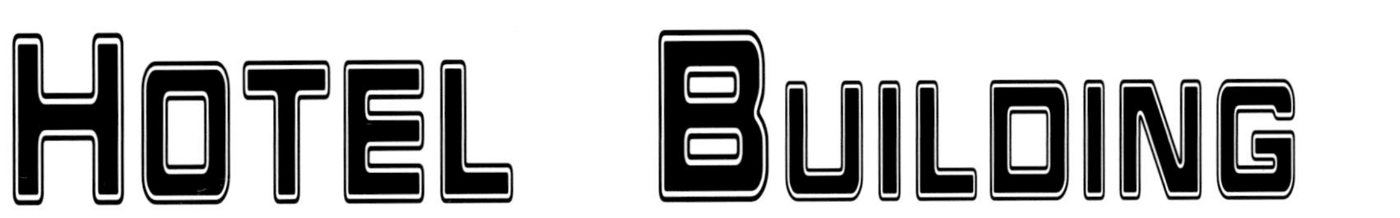

当代世界建筑集成

酒店建筑

曾江河 编

图书在版编目（CIP）数据

酒店建筑 / 曾江河编. -- 天津 : 天津大学出版社,
2013.9
（当代世界建筑集成）
ISBN 978-7-5618-4804-3
Ⅰ. ①酒… Ⅱ. ①曾… Ⅲ. ①饭店－建筑设计－作品集－世界－现代 Ⅳ. ①TU247.4

中国版本图书馆CIP数据核字(2013)第224568号

总 编 辑　上海颂春文化传播有限公司
策　　划　伍丽娟 瞿丹平
责任编辑　郝永丽
美术编辑　王丹凤

出版发行　天津大学出版社
出 版 人　杨欢
地　　址　天津市卫津路92号天津大学内（邮编：300072）
电　　话　发行部 022-27403647
网　　址　publish.tju.edu.cn
印　　刷　深圳市新视线印务有限公司
经　　销　全国各地新华书店
开　　本　230 mm×300 mm
印　　张　17.5
字　　数　201千
版　　次　2014年6月第1版
印　　次　2014年6月第1次
定　　价　298.00元

目录

酒店建筑

乔治亚酒店

设计单位：IBI集团
项目时间：2012年
项目地点：加拿大温哥华
项目面积：32 814平方米
摄 影 师：鲍勃·马西森

该酒店高158米，共50层，毗邻古老的乔治亚酒店（刚刚经过翻新），在市中心的天际线中划出一个醒目的轮廓。该建筑如今是这个城市里的第二高建筑，具有酒店和商务办公等混合功能用途，其中底部11层为商务办公室，其余楼层为酒店客房。

建筑外观造型新颖独特，底部35层的东南两侧采用斜面设计，不但可以为建筑提供被动式遮阳效果，而且还能够欣赏到温哥华市中心的壮丽景观。建筑顶部楼层向后倾斜，从而使人们在东南角的阳台上可以看到北部的西摩山和高斯山。室外公共艺术元素采用LED设计，在建筑北侧立面上形成精美的雨滴效果。

可持续发展：乔治亚酒店以可持续发展为设计原则，是温哥华市中心最具环保特点的建筑之一。酒店外部采用高性能幕墙系统，建筑西南立面装设了光伏太阳能电池板，能够收集场地内最大面积的太阳辐射。新建筑拥有11层裙楼，与古老的乔治亚酒店的建筑风格相同；周边建筑采用高贵典雅的赤土色石板进行装饰，对当代建筑材料进行了重新诠释。

考虑到建筑的庞大规模（超过32 000平方米），项目在能源利用以及传统暖通系统、电力装置和水资源消耗等方面大胆采用了先进的解决方案。

暖通系统：在塔楼下方采用地热桩，与热泵实现热交换，然后为建筑供暖和制冷。

建筑自动化：通过光伏板收集的太阳能可以用来控制建筑的自动遮阳系统。这种智能化系统可以通过玻璃幕墙有效防止过度的太阳辐射热量。酒店中的所有套房均设有可控窗户，用户可以自行控制环境气候。

水资源：屋顶水箱和游泳池为大厦的防火系统提供了后备水源，而且所有套房还安装了节水装置，建筑门廊同样设置了“低流量”节水设施。

电力：乔治亚酒店从套房电器到LED设计全部采用高效的电力装置，其中LED设施都将作为该项目的公共艺术元素。

地面层平面图

HOTEL
Georgia St

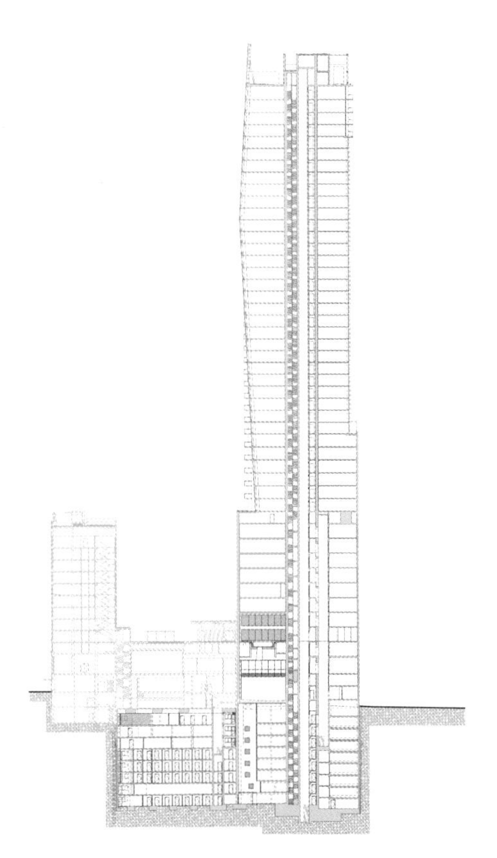

剖面图

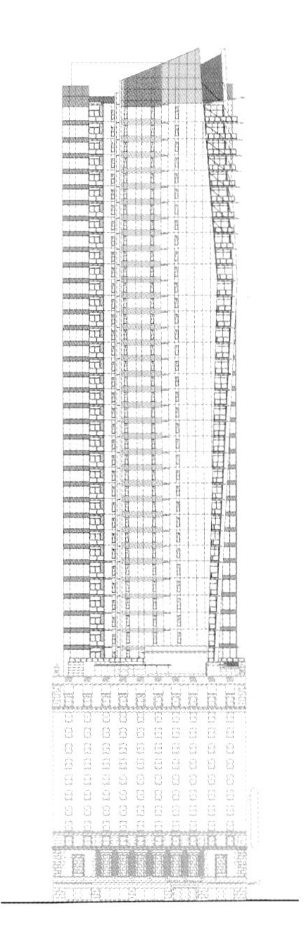

南立面图

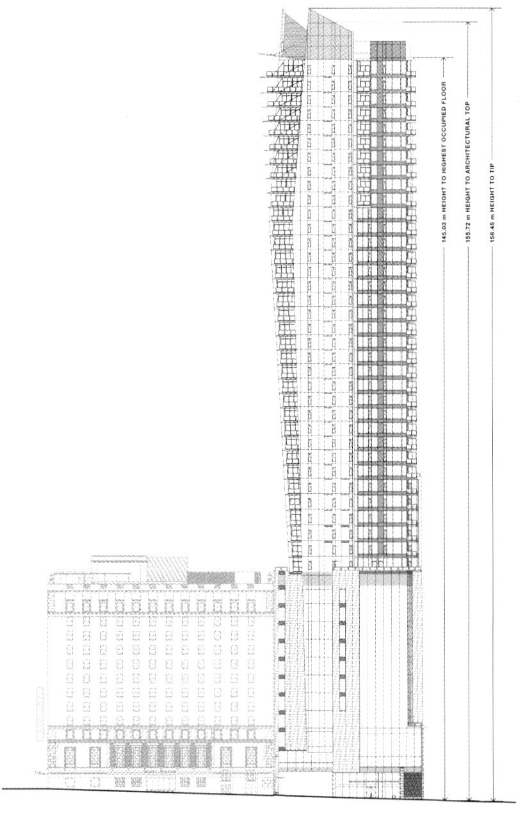

东立面图

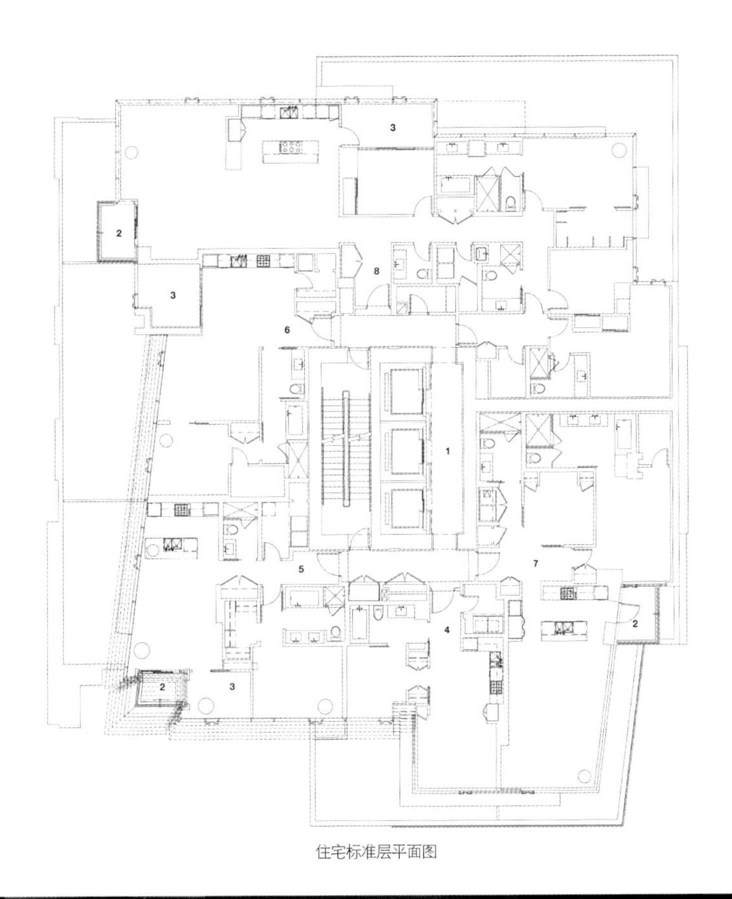

住宅标准层平面图

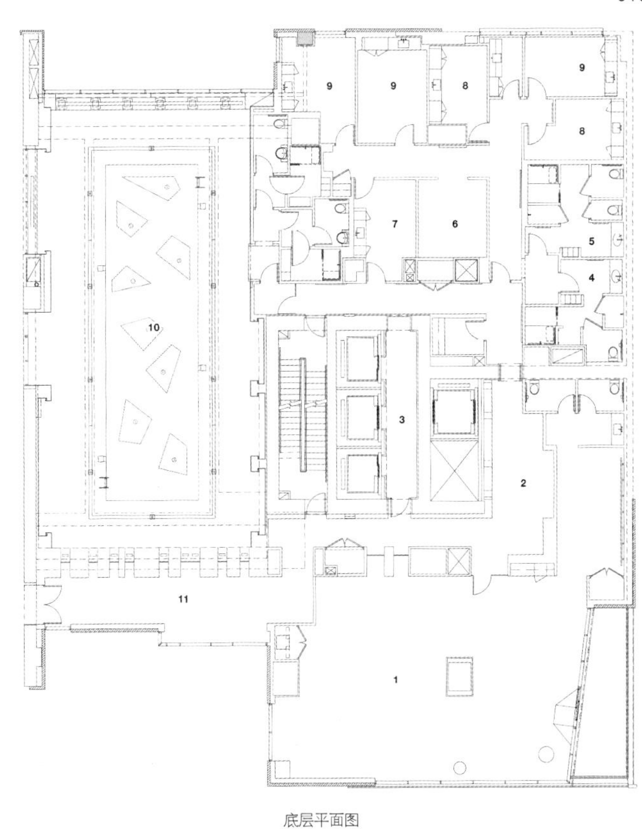

底层平面图

海岛酒店

设计单位：马丁内兹·西·斯特纳斯建筑师事务所
项目时间：2008年
项目地点：西班牙巴塞罗那迪亚格纳尔区
项目面积：60 377平方米
摄 影 师 ：阿德里亚·古拉、拉斐尔·瓦尔加斯

这个酒店项目占据迪亚格纳尔区（由五个各具特色的街区组成）的东南端，位于巴塞罗那海滨区一个大型公共公园内。项目包括两个棱柱塔楼，它们由一个底部裙楼连接，为整个综合体建筑创造了统一性与连续性。

南楼高99米，采用较窄的立面设计，从海滩和大海上望去，就像一位婀娜多姿的苗条少女，其宽度和高度与周围的海滨建筑相呼应。北楼高77米，与南楼并排站立，两个塔楼之间由底部裙楼连接，可以欣赏沿迪亚格纳尔大街展开的公园景观。底部连接裙楼共4层，有效克服了场地限制。底层设有宽大的门厅，就像架设在两个塔楼之间的一座大桥，不但实现了整个区域的视觉连续性，而且有效保护了公园的统一性。

在结构设计上，两个塔楼分别沿着一个中央芯柱而建，垂直立面系统和不连续的混凝土面板清晰地勾画出塔楼的硬朗轮廓。在结构立面的外侧，不同宽度的混凝土板形成一系列景观露台，为每个塔楼实现模块化建筑结构。

建筑外立面采用水平连续条状玻璃进行装饰，对露台提供保护，可以向人们展示内部采用彩色玻璃装饰的建筑结构。

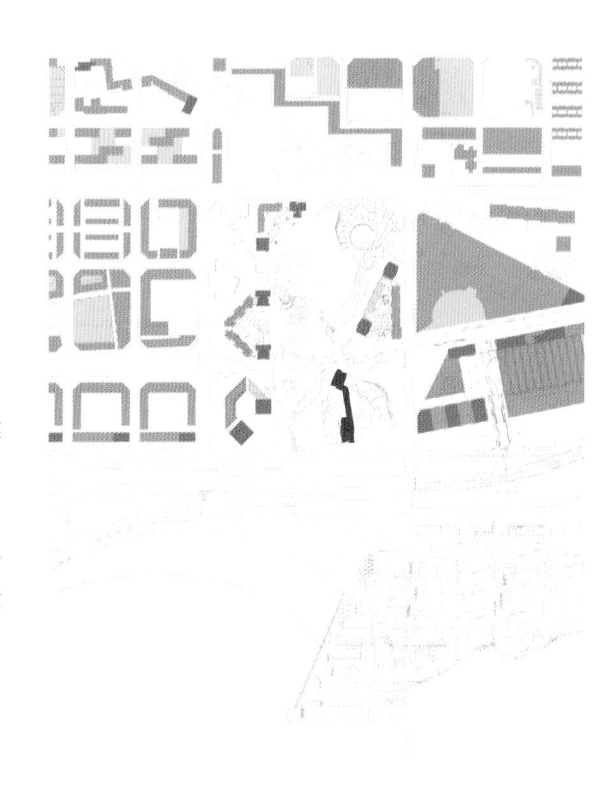

总平面图

模块化的表面设计形成特殊的外观效果，如弯曲的造型、悬臂结构以及锐利的棱角等。随着太阳轨迹和观看角度的不同，建筑的玻璃立面有时透明，有时不透明，在一天的不同时段呈现出多变的视觉效果，为人们提供由光影、色彩和透明度组成的视觉盛宴。

这种设计成功打造出一个动态综合体建筑外观，实现高耸的建筑体量、层叠式楼层效果以及弯曲的外观造型。尤其是从海滩和迪亚格纳尔大街上观看建筑的侧面时，浮雕式的轮廓和纤细的体量充分展示了建筑的结构品质，与周边的公园景观之间形成了一种建筑对话。

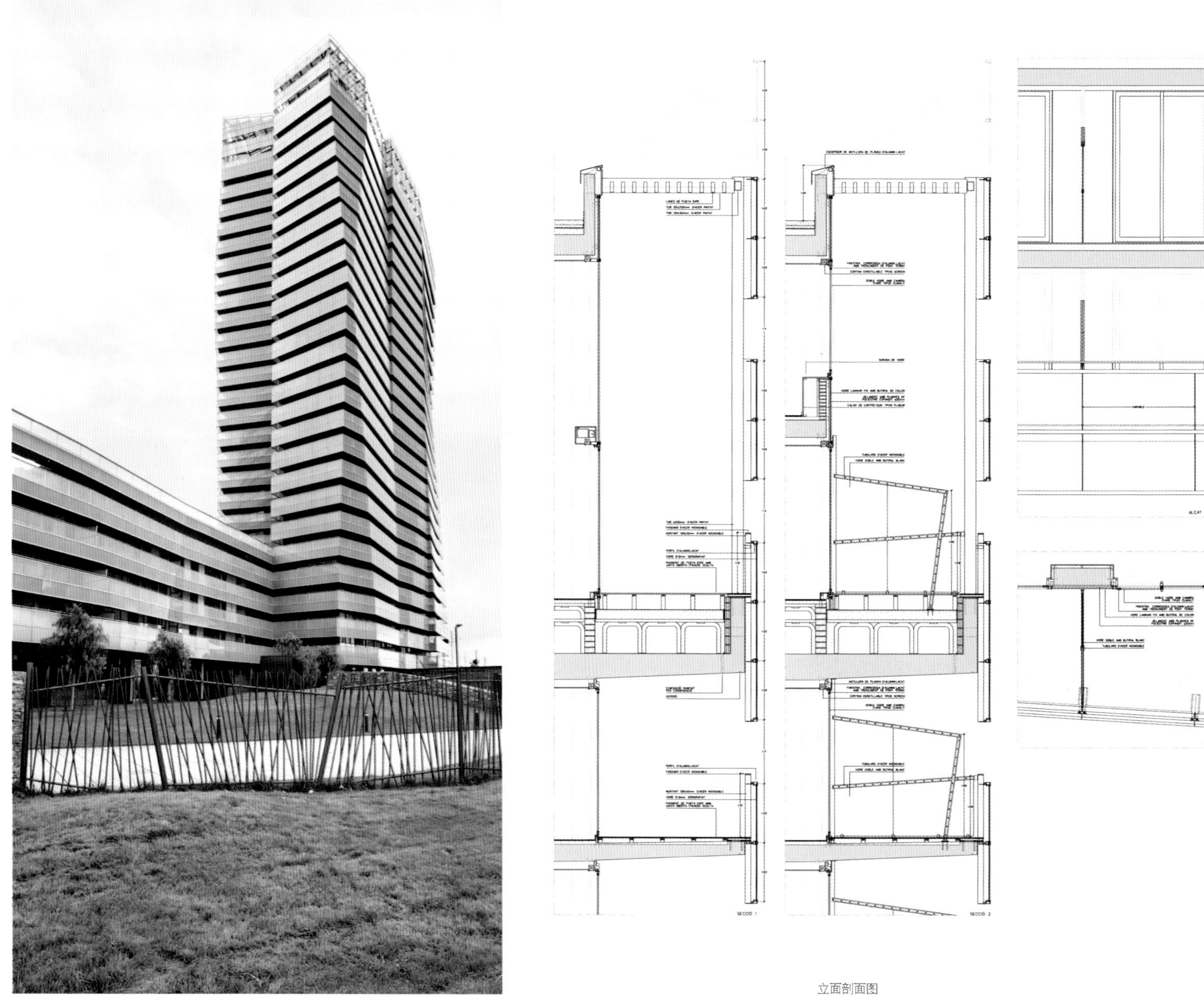

立面剖面图

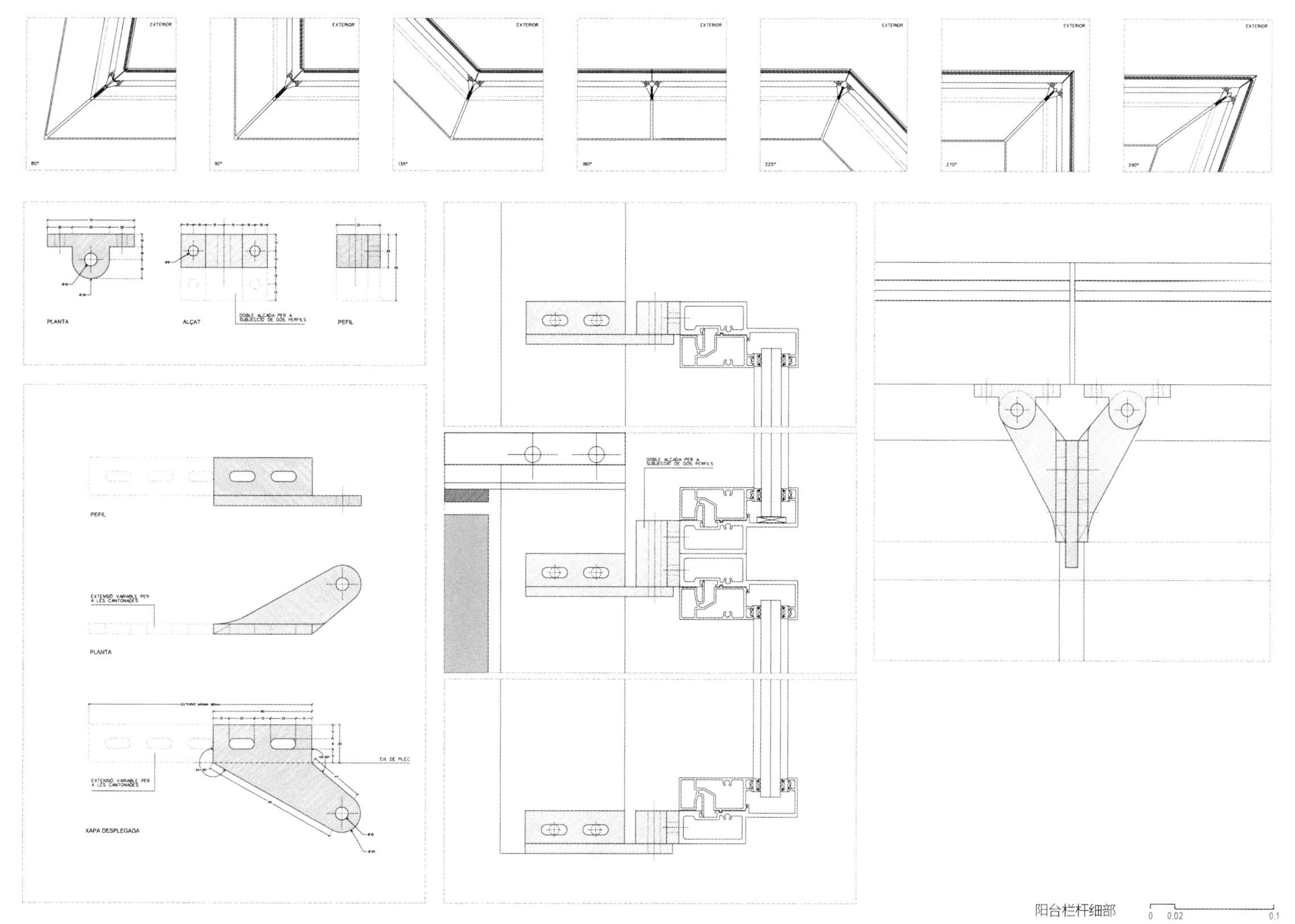
EXTERIOR
PLANTA
ALÇAT
PEFIL
DOBLE ALÇADA PER A SUBJECCIÓ DE DOS PERFILS
EXTENSIÓ VARIABLE PER A LES CANTONADES
EIX DE PLEC
XAPA DESPLEGADA

阳台栏杆细部

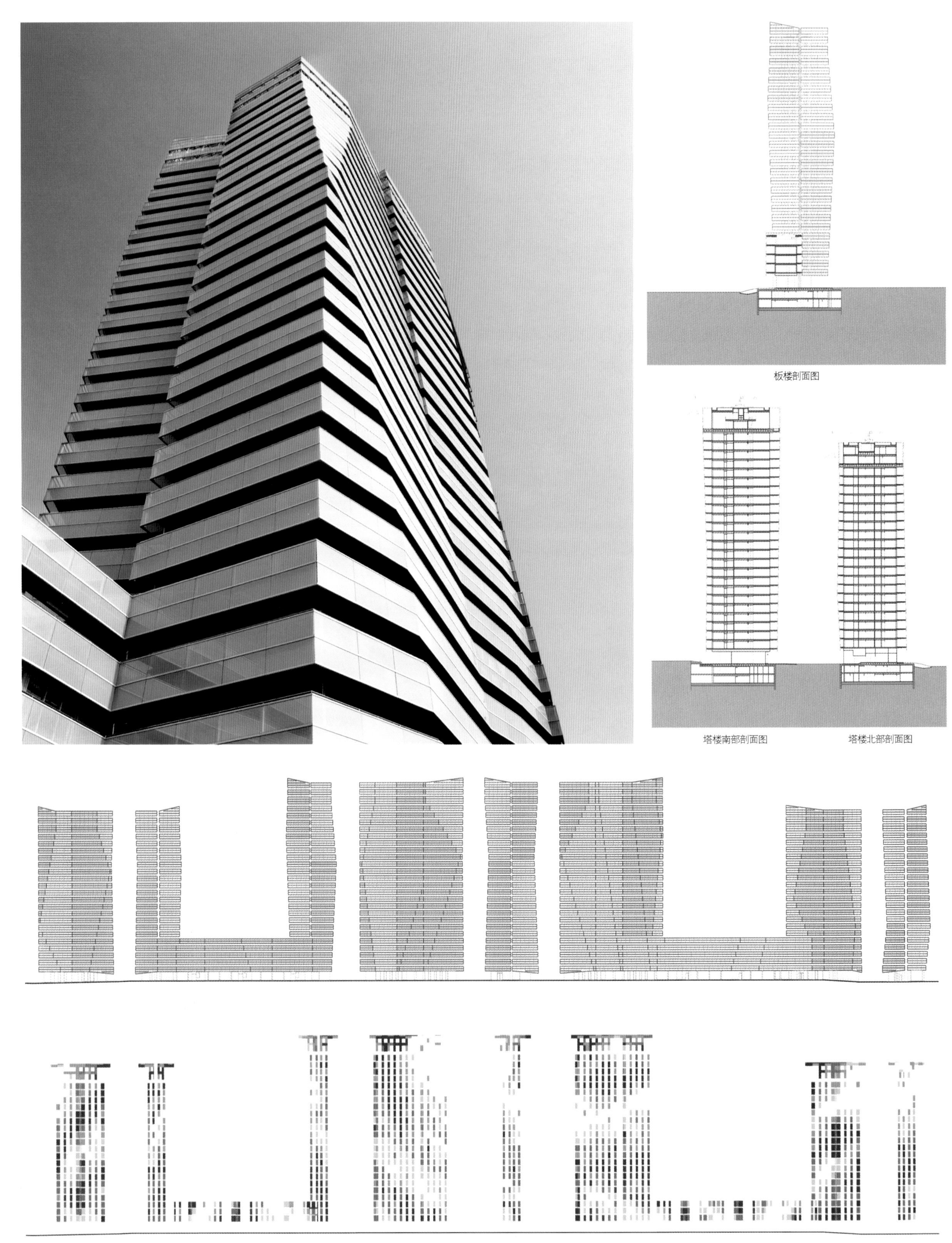

板楼剖面图

塔楼南部剖面图

塔楼北部剖面图

立面图

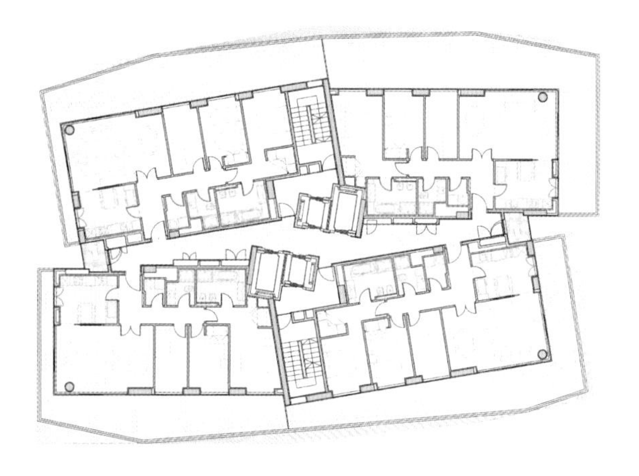

北楼标准层平面图

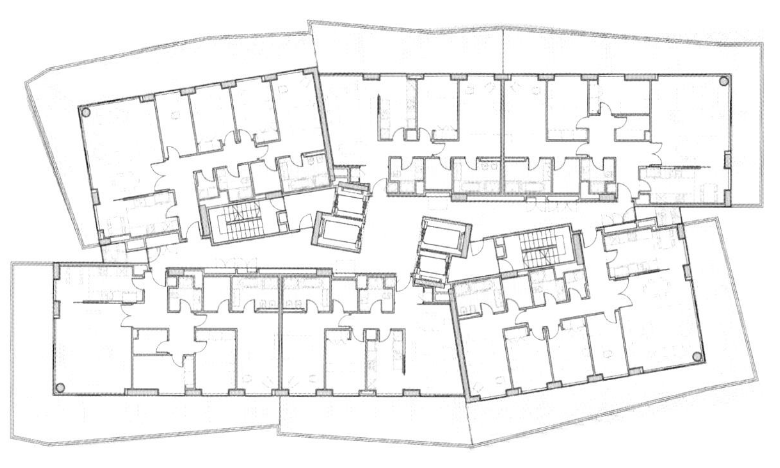

南楼标准层平面图

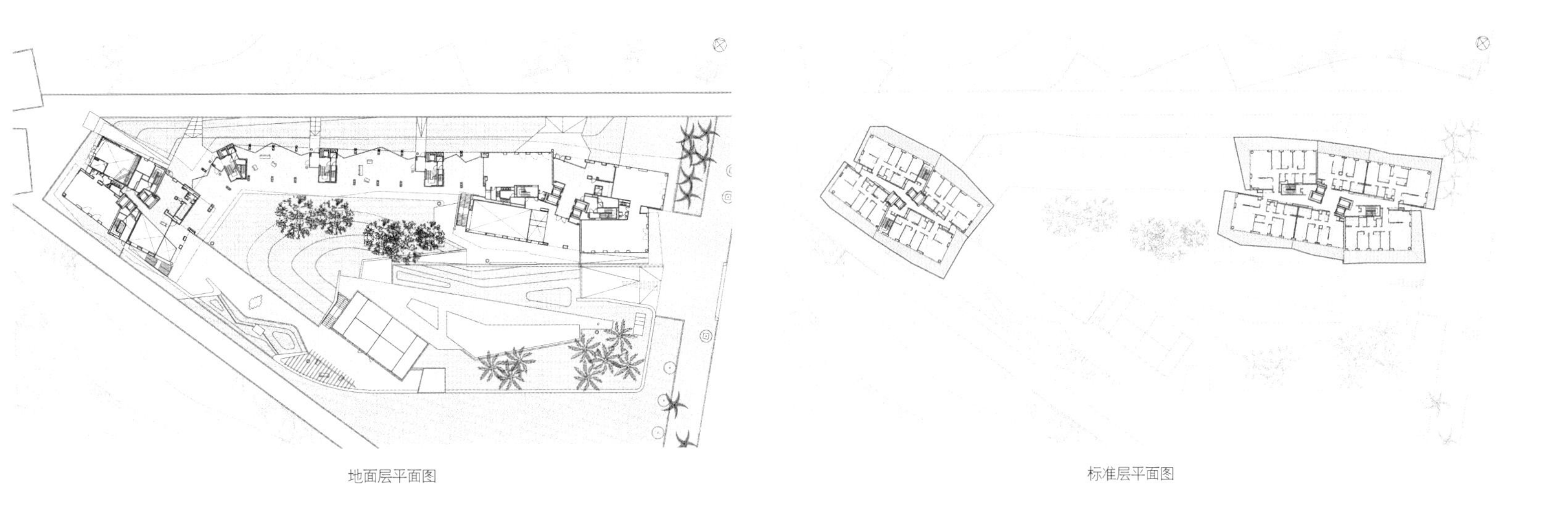

地面层平面图

标准层平面图

埃迪哈德大厦

设计单位：DBI设计私人有限公司
项目时间：2011年
项目地点：阿布扎比
项目面积：50多万平方米
摄 影 师：瓦伦・考伊勒、朱美拉赫、艾尔凡・纳奇、拉斯维特、尼克・阿诺尔德

埃迪哈德大厦是一个世界领先的豪华型多功能开发项目，由五个塔楼组成，位于一个多层裙房基础之上，裙房下方还设有四层地下停车场。最高的一个塔楼为76层，高度超过300米（984英尺），使埃迪哈德大厦成为一个“超高层建筑”项目。

该项目的总楼面面积超过50万平方米。办公大楼共48层，拥有近4.6万平方米的出租面积。三个住宅塔楼共179层，共设885间公寓，拥有一居室和屋顶公寓等不同类型的房间。酒店式公寓塔楼由卓美亚集团经营，该集团同时还经营迪拜帆船酒店。

埃迪哈德大厦内的卓美亚酒店是一家拥有382间客房的五星级豪华酒店，位于199间酒店式公寓的上方，共占据59个楼层，其余三个楼层种有植被，另外两个楼层（第62层和第63层）为特色餐厅，同时还可以欣赏到阿布扎比无与伦比的城市景观。

三个塔楼的基础部分设有一个多层裙楼，其中包括一个先进的会议中心和舞厅综合体、一个健康中心和健身俱乐部、两层国际品牌设计师精品店、多家高档餐厅以及位于埃迪哈德大厦大堂内的卓美亚酒店等。

舞厅面积为1 800平方米，可容纳1 000名舞者，并且可供约1 400名顾客在此开会。

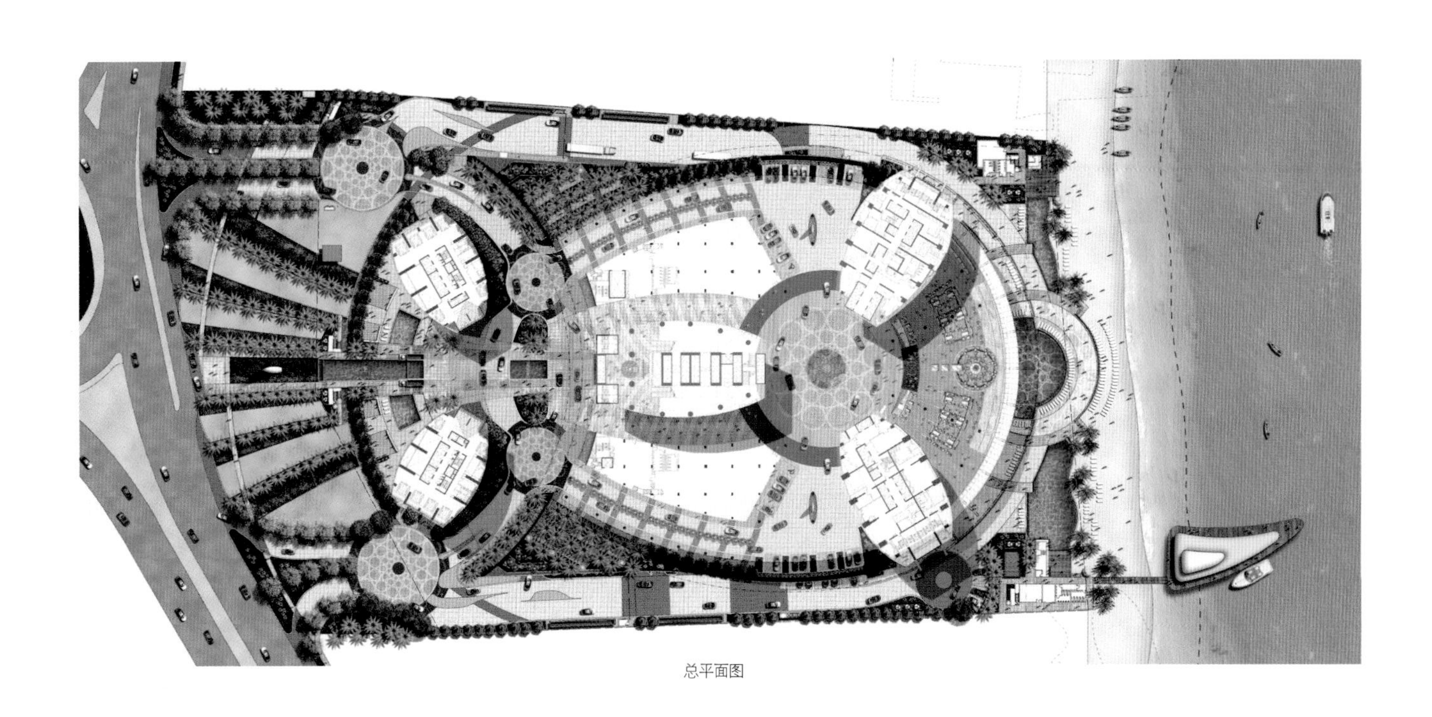

总平面图

111鹰街酒店

项目地点：澳大利亚昆士兰州布里斯班
业　　主：GPT集团公司
项目面积：64 000平方米
摄 影 师：克里斯多夫·弗雷德里克·琼斯、弗罗里安·格罗恩

111鹰街酒店是三座塔楼的中心建筑，这三座塔楼是布里斯班海滨区域的地标性建筑。该项目用地占据多个装运码头以及通往两侧现有塔楼的地下停车场。由于现有建筑的影响，使缺少支撑点成为该项目用地的主要限制条件。

这种限制条件决定了塔楼的结构特点，即从一种叫做“向着光明生长”的设计方法中演变的一个由树干和树枝组成的网络布局。选择这种布局方式不仅是因为其具有比其他设计方法更高的效率，而且还因为它能够使很少在商业塔楼设计中采用的特定建筑得到进化，使其与场地前面布里斯班最具代表性的无花果树联系到一起。

该塔楼共54层，其中42层用于商务办公，底部两层中的上层用于公司入口，使底层成为内部公共广场和餐饮空间。

建筑结构在夜晚闪烁的灯光照射下具有更高的辨识度，在白天又变得稳重，与旁边哈里•塞德勒设计的塔楼相呼应。该项目的另外一个目标是打造一种能够代表“亚热带河流城市”的新型塔楼建筑类型，并以此赢得广泛关注。

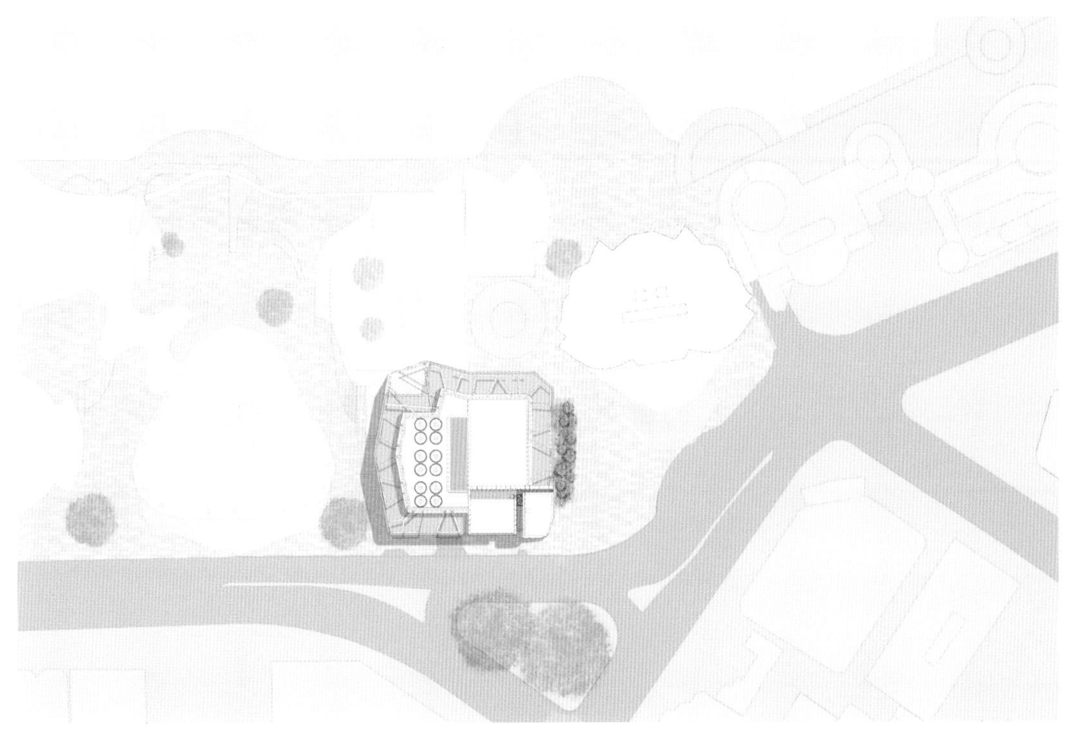

总平面图

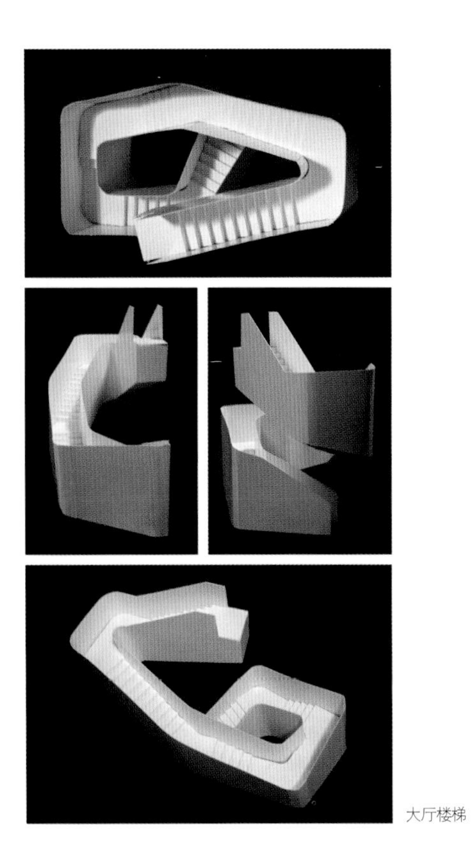

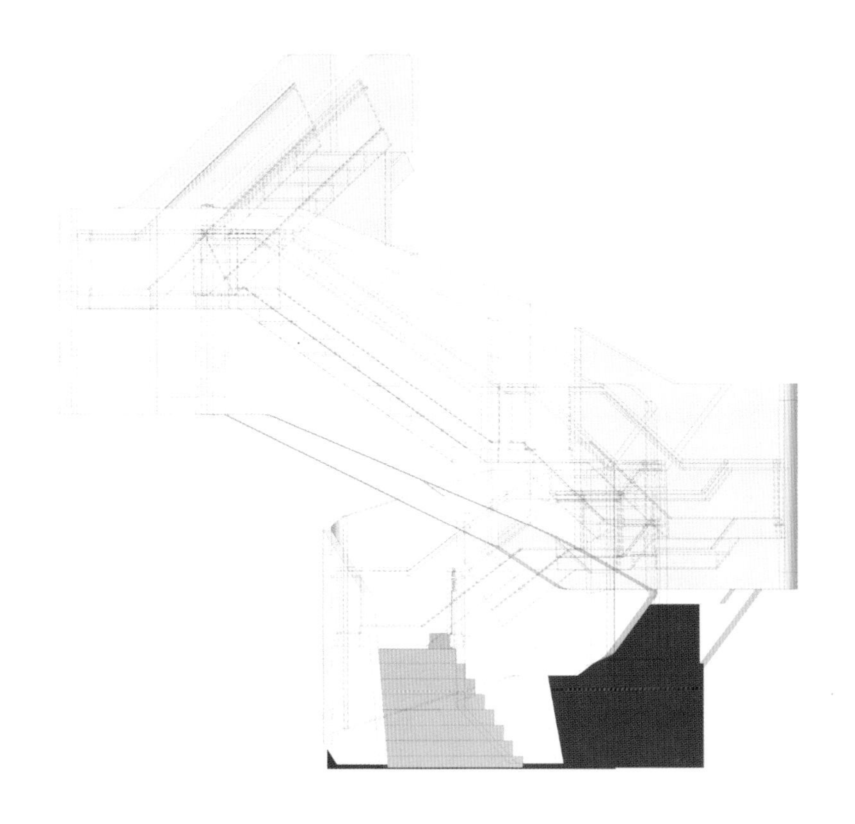

大厅楼梯

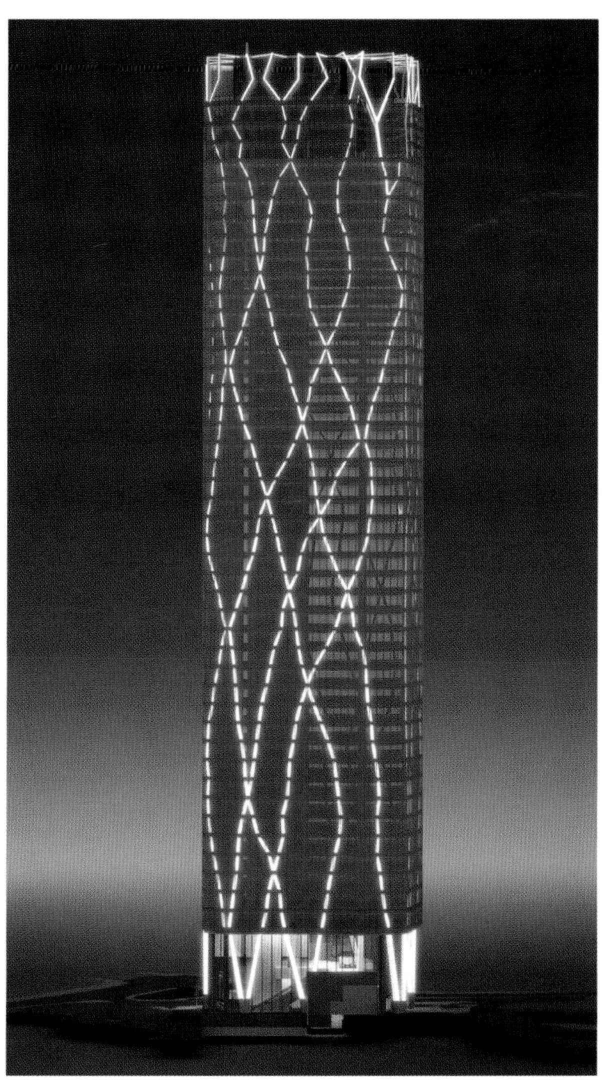

立面图

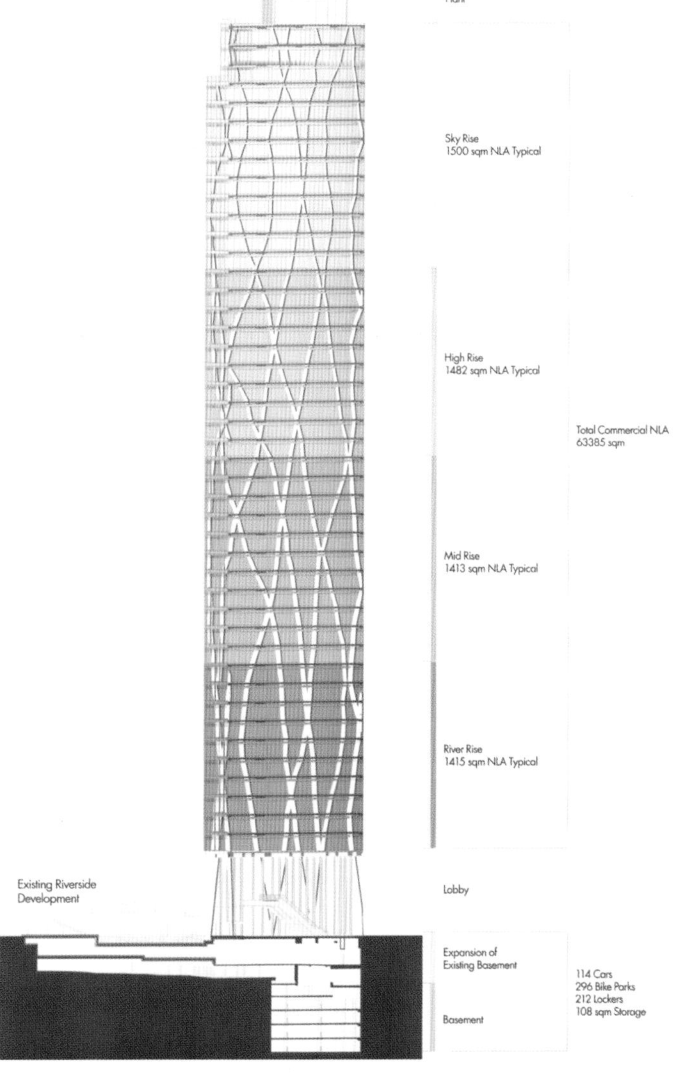
Plant
Sky Rise
1500 sqm NLA Typical
High Rise
1482 sqm NLA Typical
Total Commercial NLA
63385 sqm
Mid Rise
1413 sqm NLA Typical
River Rise
1415 sqm NLA Typical
Existing Riverside
Development
Lobby
Expansion of
Existing Basement
114 Cars
296 Bike Parks
212 Lockers
108 sqm Storage
Basement

剖面图

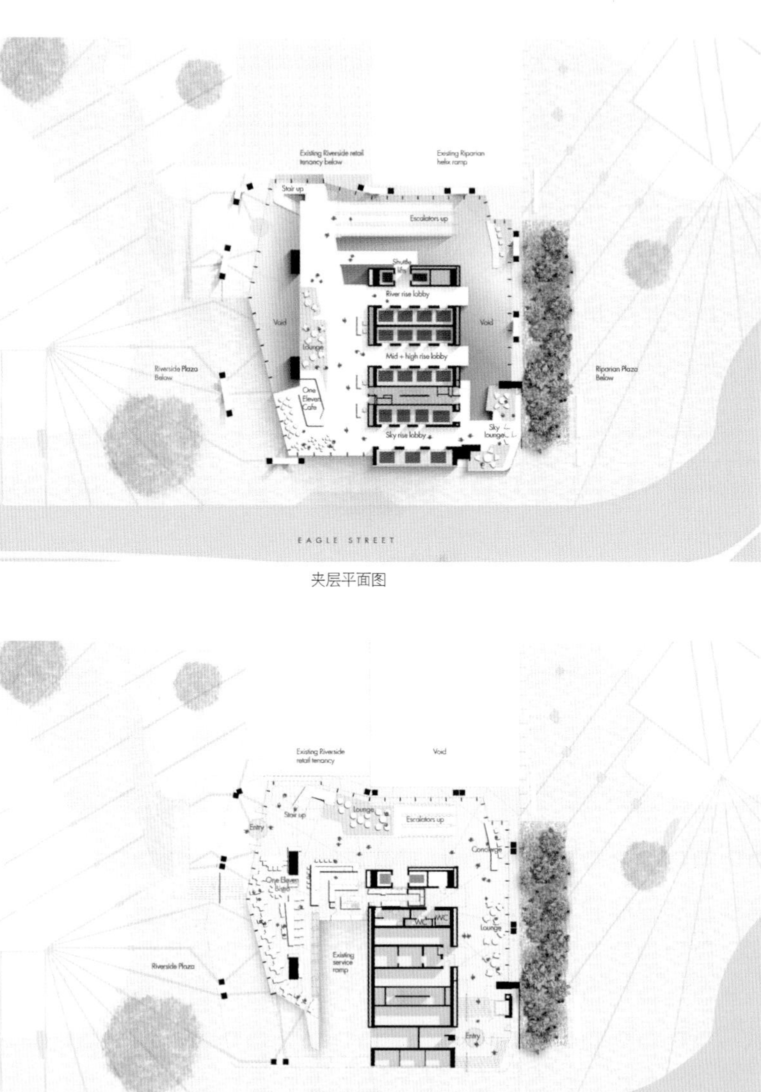

夹层平面图

地面层平面图

立面截面透视图

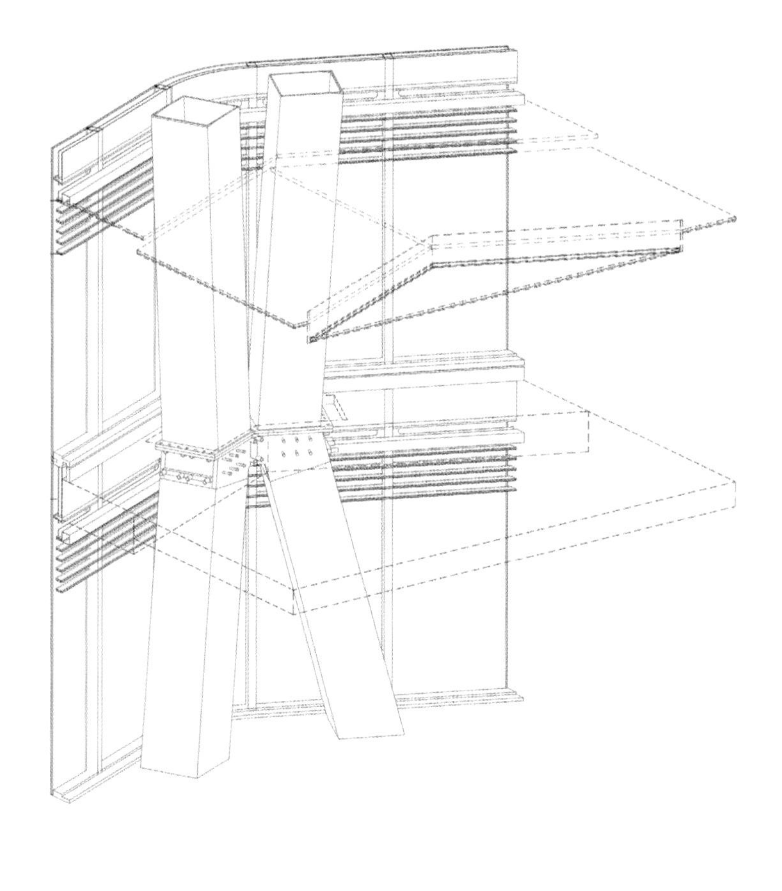

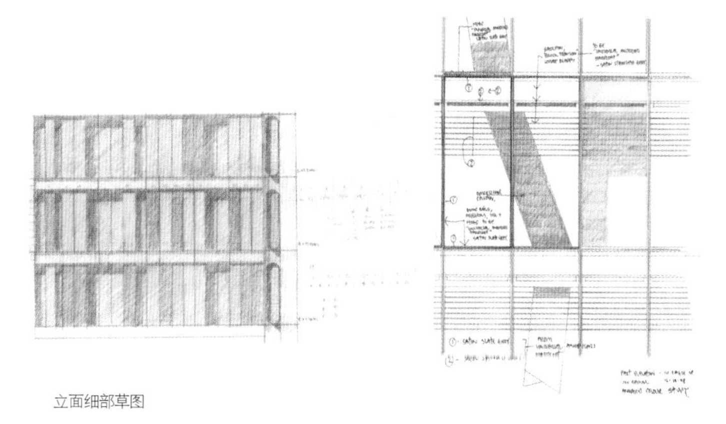

立面细部草图

巴塞罗那W酒店

设计单位：里卡多·波菲建筑事务所
项目时间：2009年
项目地点：西班牙巴塞罗那
项目面积：48 518 平方米
摄 影 师：里卡多·波菲尔（免费提供）

大海对建筑师来说始终是一项巨大挑战，而地中海就是一个最不同寻常的区域。这个基础设施从新港口开放以来就已经开始投入使用，并且成功地将巴塞罗那港口划分成两个区域，分别供小型船只和大型船只停靠。该项目的城市任务是对城市海岸线的南端进行扩建，包括朝向大海展开的公共广场、海边散步道以及一个地标性酒店，并且使该酒店成为巴塞罗那这个国际都市的一个身份象征。

巴塞罗那W酒店位于巴塞罗那港的新入口处，在海面上形成一个现代化建筑轮廓。该项目包括高端零售、办公以及娱乐等功能，将成为这个新区域内的地标性建筑。酒店采用船帆造型，位于从海洋中回收的100公顷陆地上，是巴塞罗那海岸线城市规划项目的一部分。巴塞罗那W酒店是一个五星级酒店，包括473间客房、67间套房、一个屋顶酒吧、大型温泉、室内外泳池、多个餐饮设施以及一家零售商店等。最靠近大海的建筑结构是一个90米高并且与护堤垂直的纤薄建筑（地下1层、地面1层和地上26层）。银色玻璃的闪光立面与天空的颜色以及大海的波光相互融合到一起。具有象征意义的建筑造型是该项目的基本出发点。该结构被插入低矮的中庭建筑中，在大厅里人们可以欣赏到海景，并且获得充足的自然照明。公共空间位于一个平台的下方，这个平台由两个巨大的露台构成。此外，一个大型会议室里设有朝向海面的宽大窗户，打破了建筑基座单调的水平线条。

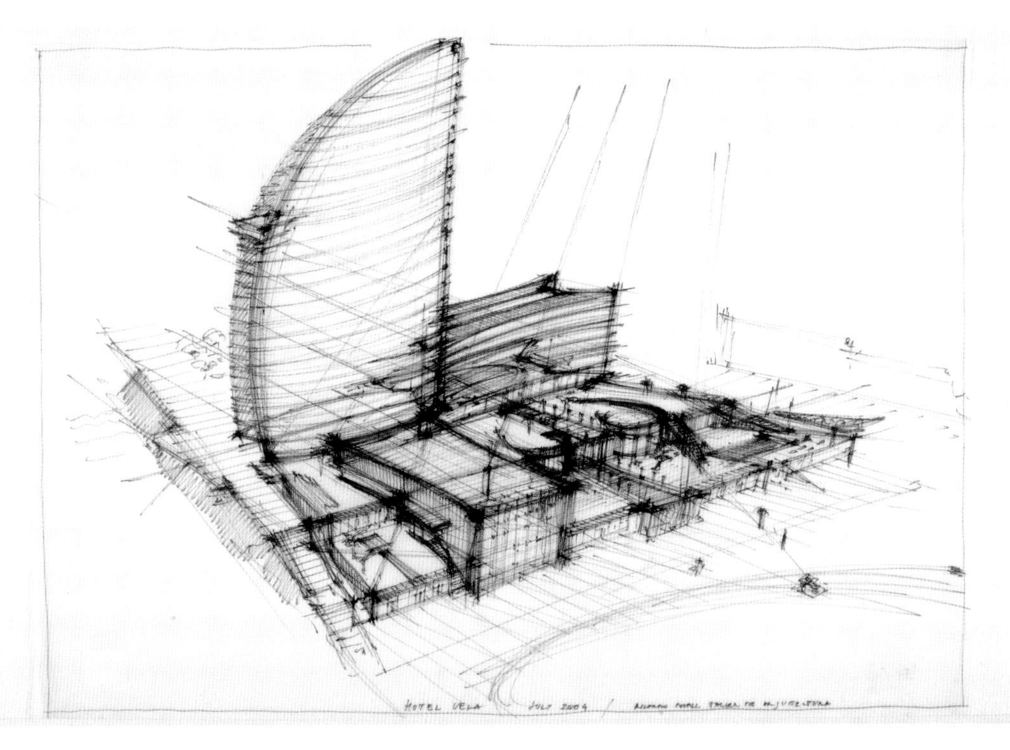
HOTEL VELA
JULY 2004

W

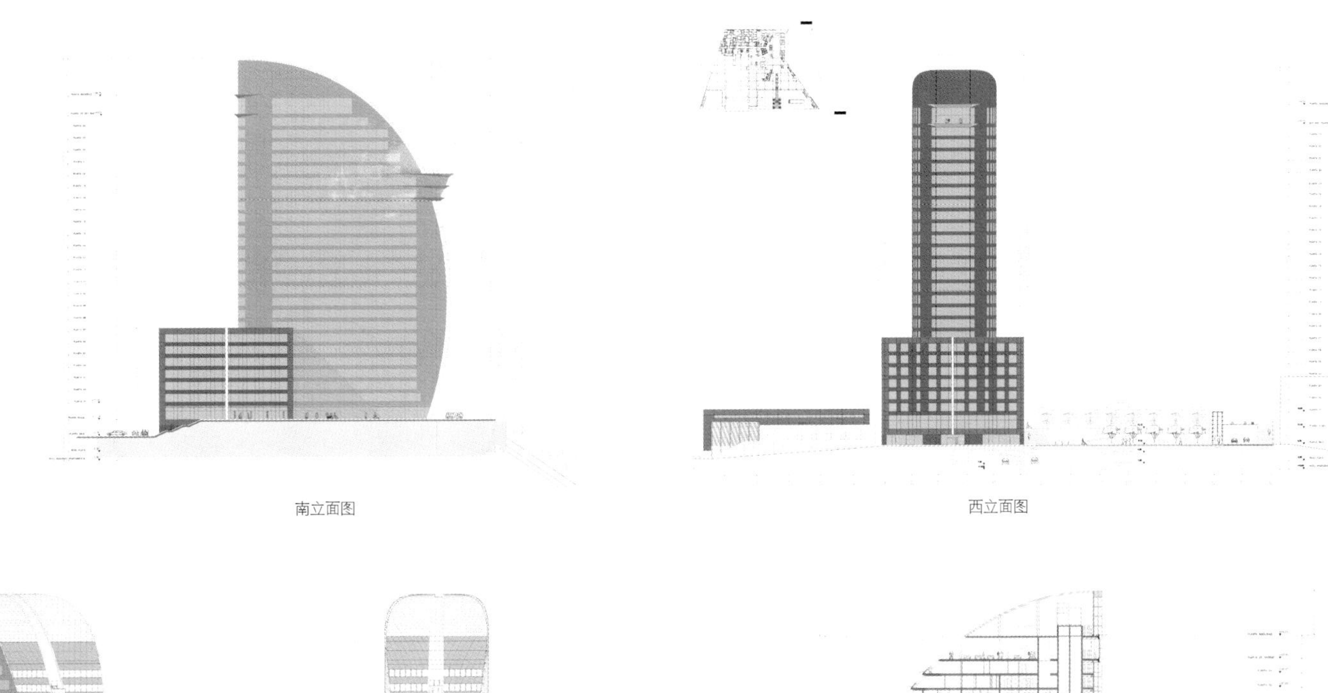

南立面图　　西立面图

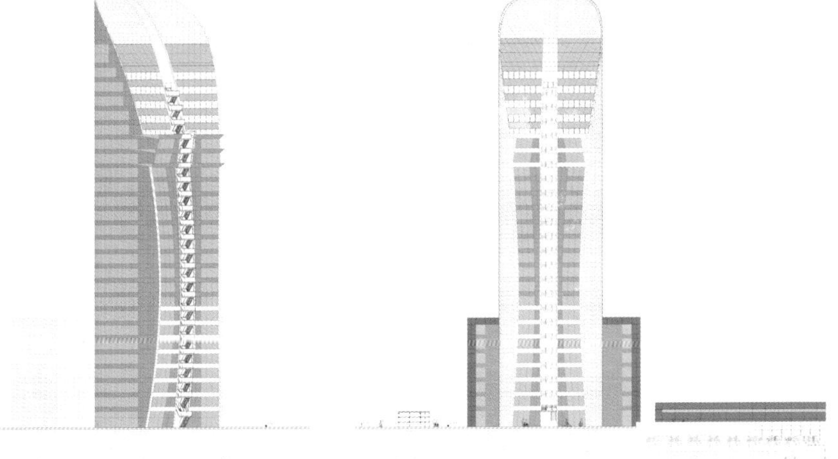

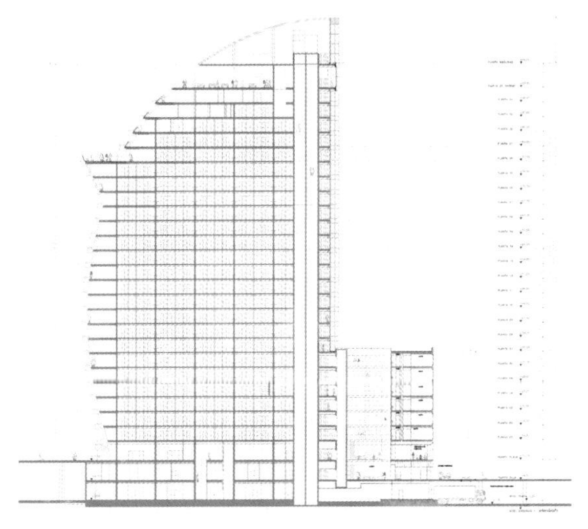

朝向海面的立面与剖面图

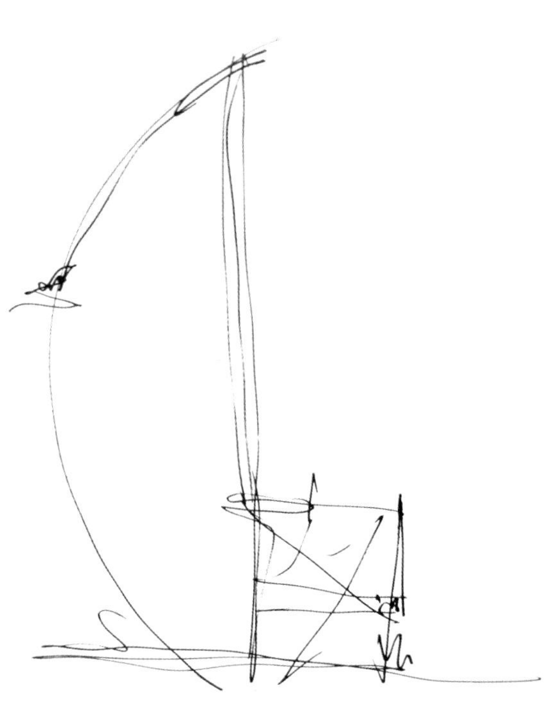

波菲尔草图

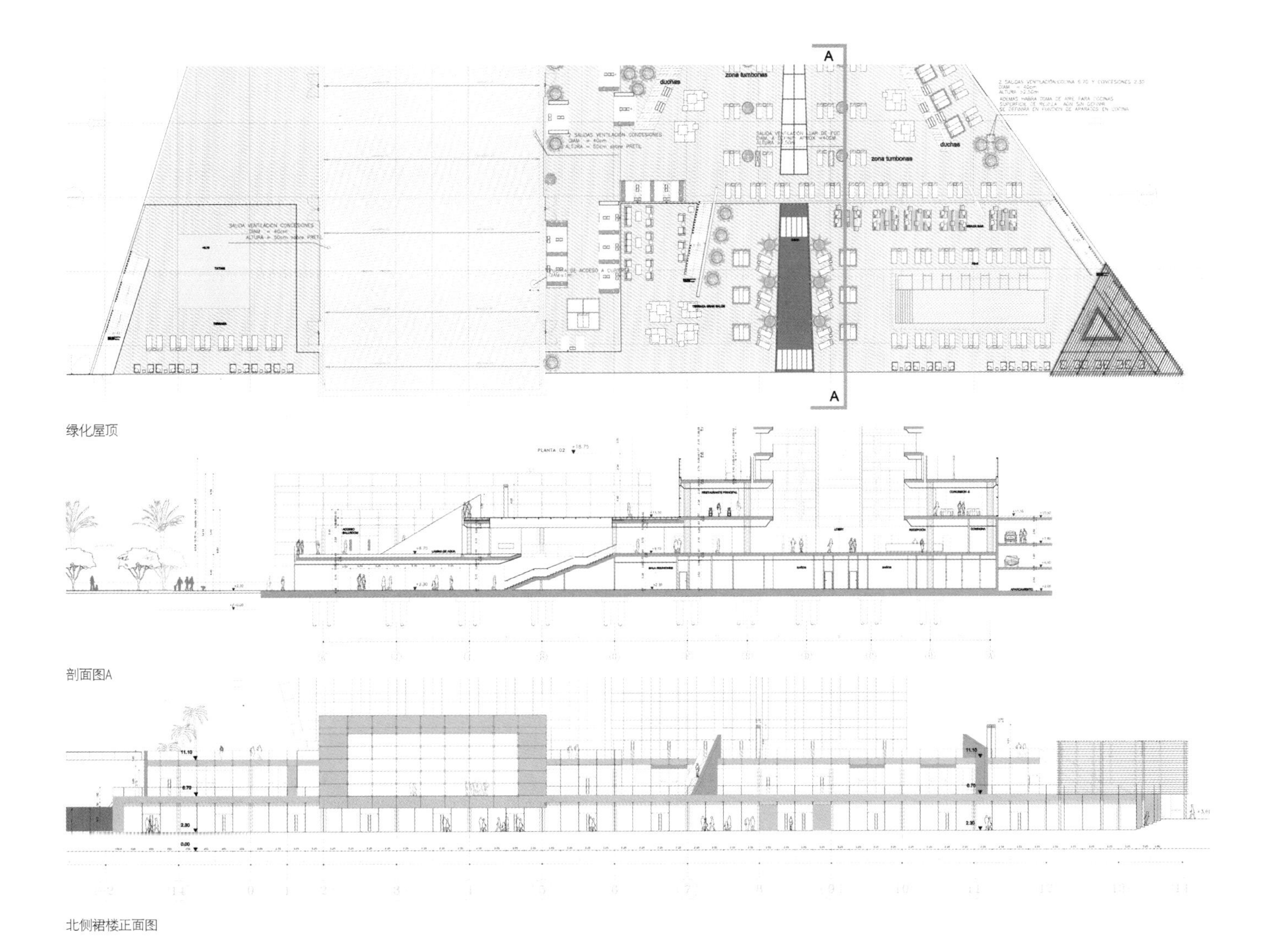

绿化屋顶

剖面图A

北侧裙楼正面图

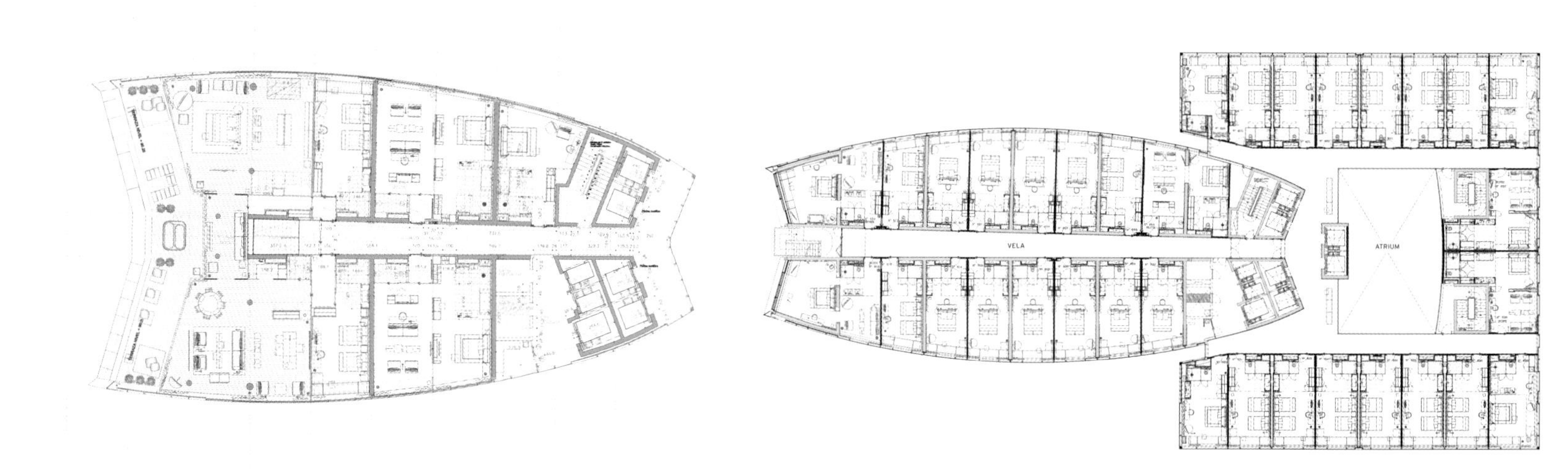

二十四层平面图

标准层平面图 1

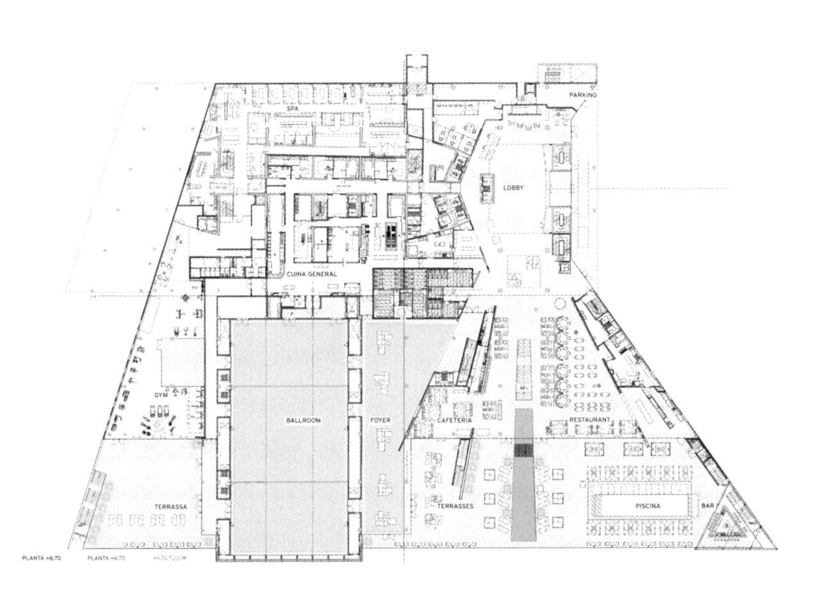

标准层平面图 2

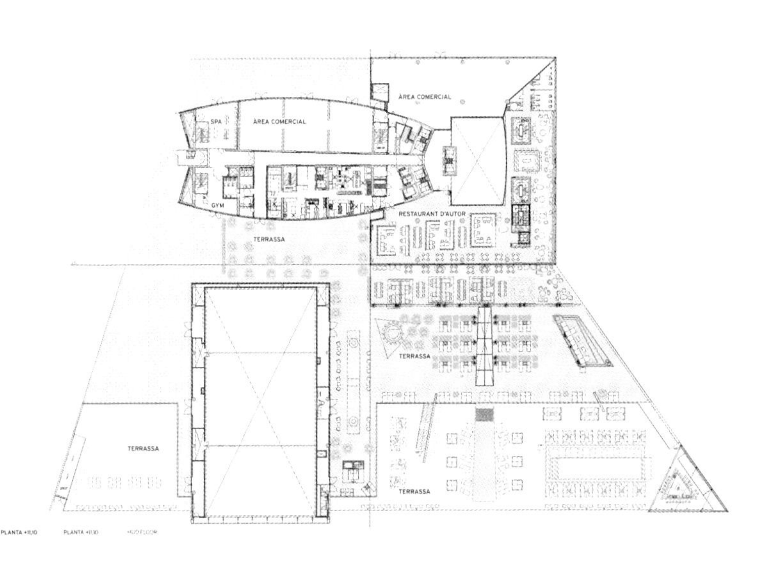

十、十一层平面图

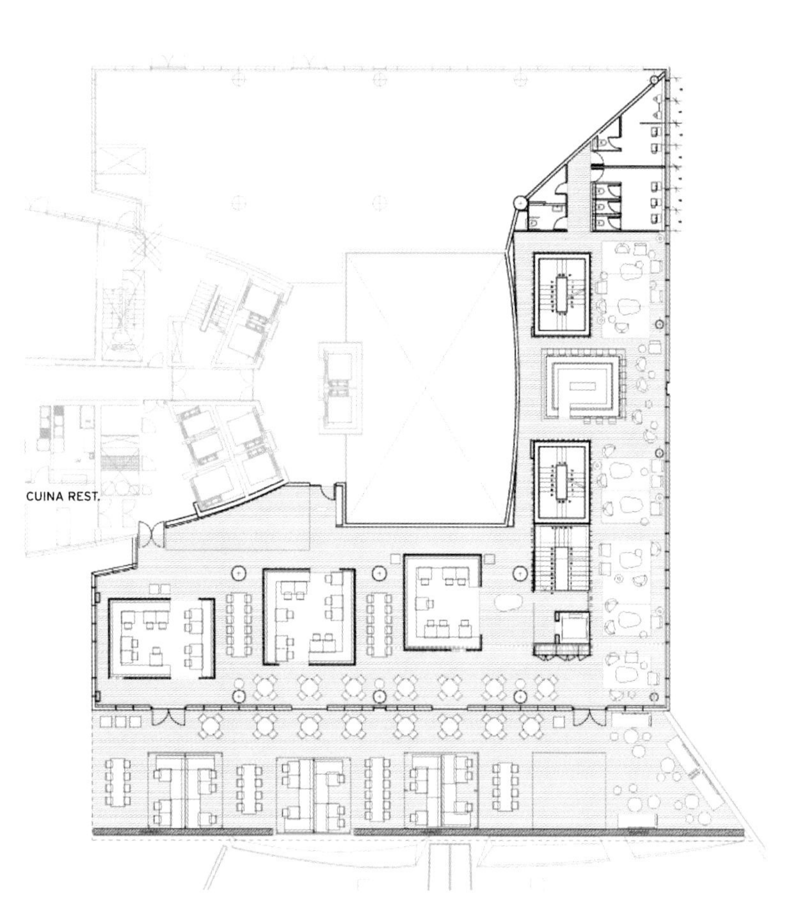

餐厅与露台平面图

Barcelona

W酒店与住宅

设计单位：阿达赫建筑师事务所
项目时间：2009年7月
项目地点：美国佛罗里达州劳德代尔堡市
项目面积：10万平方米
摄 影 师：尤安·奥洛佩萨

该项目位于一个占地4.5英亩（约18 211平方米）的滨海地块上，横跨佛罗里达州劳德代尔堡市两个街区，旨在打造一流的多功能旅游开发项目。项目包括一个豪华酒店、一幢公寓建筑、一个零售商场、会议设施、酒吧、餐厅、温泉健身俱乐部以及配套的停车场等。

设计中的主要挑战来自城市建设条例的限制要求。条例为了确保建筑总体积最小化，规定单个建筑最大水平长度不得超过200英尺（约61米）建筑间距不低于60英尺约（18米），最大建筑高度不得超过250英尺（约76米）。条例还强调了阴影范围，规定任何建筑物不得在下午规定时段内投下遮挡海岸的阴影。

该项目的最终功能布局是刺激滨海区域重新复兴的主要因素。项目共有五个建筑，其中包括三个底部裙楼以及横跨裙楼之上的两个塔楼（通常被抽象为风中的船帆）。东楼是一个24层建筑（共设346间客房，每间客房都能欣赏到优美的海景），呈一个垂直缓坡向海滩倾斜，以便满足条例中关于建筑阴影的规定。西楼同样是一个24层建筑，共设171个一、二居室套房单元（全部可以看到海洋和沙滩的景色）。三个四层高的裙楼主要用于公共服务设施，为酒店、公寓、户外活动和娱乐、游泳池以及屋顶餐饮区提供服务。西侧裙楼的停车场与地下停车场环绕项目用地的大部分区域，共设837个停车位，其中大部分带有顶棚。

裙楼之间以及塔楼下方的内凹空间可以作为酒店和公寓的临时下客区，同时实现了底层空间的透明度。建筑的地面层以及高耸的塔楼采用简单的曲线和角度成功地实现了简洁的当代建筑造型。

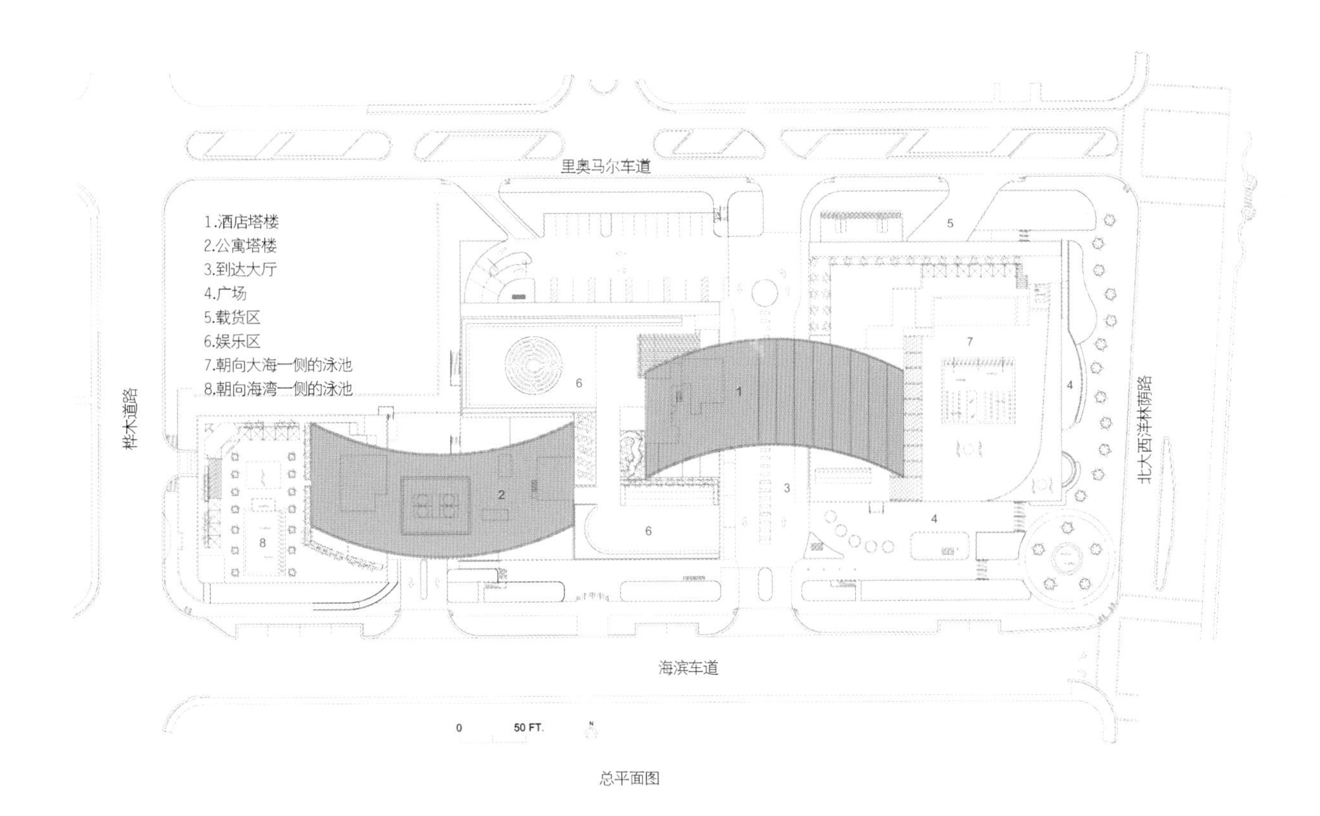
里奥马尔车道
1.酒店塔楼
2.公寓塔楼
3.到达大厅
4.广场
5.载货区
6.娱乐区
7.朝向大海一侧的泳池
8.朝向海湾一侧的泳池
桦木道路
北大西洋林荫路
海滨车道
0
50 FT.

总平面图

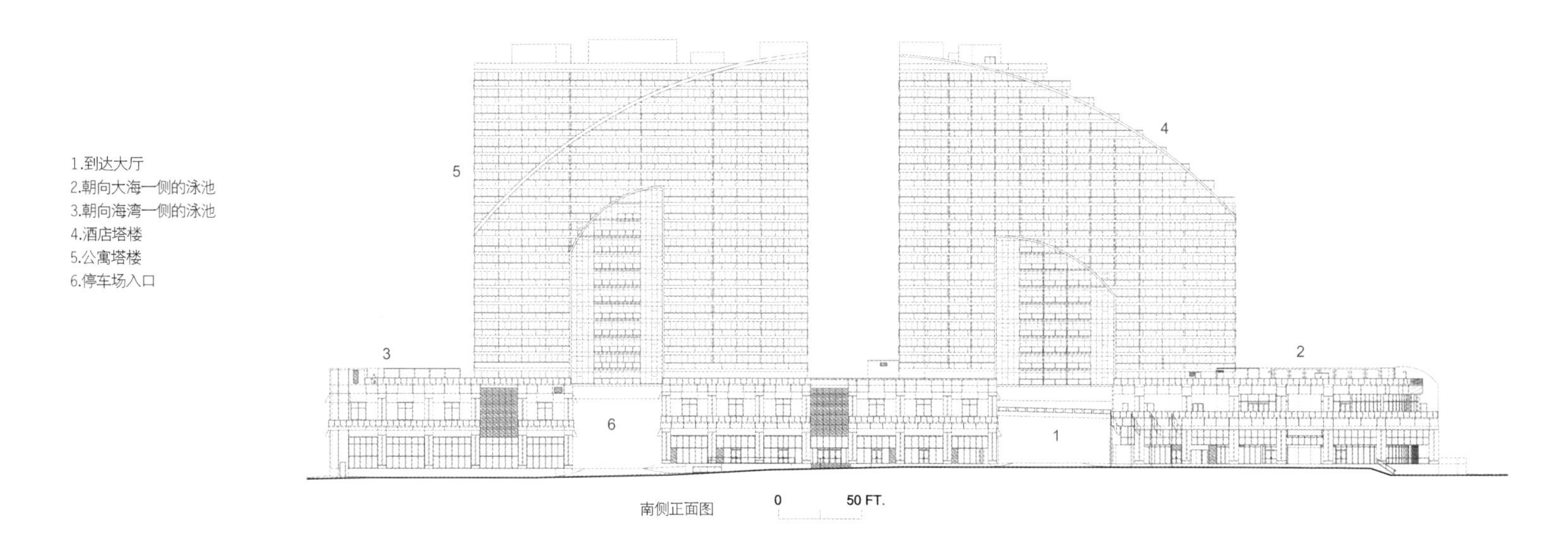

南侧正面图

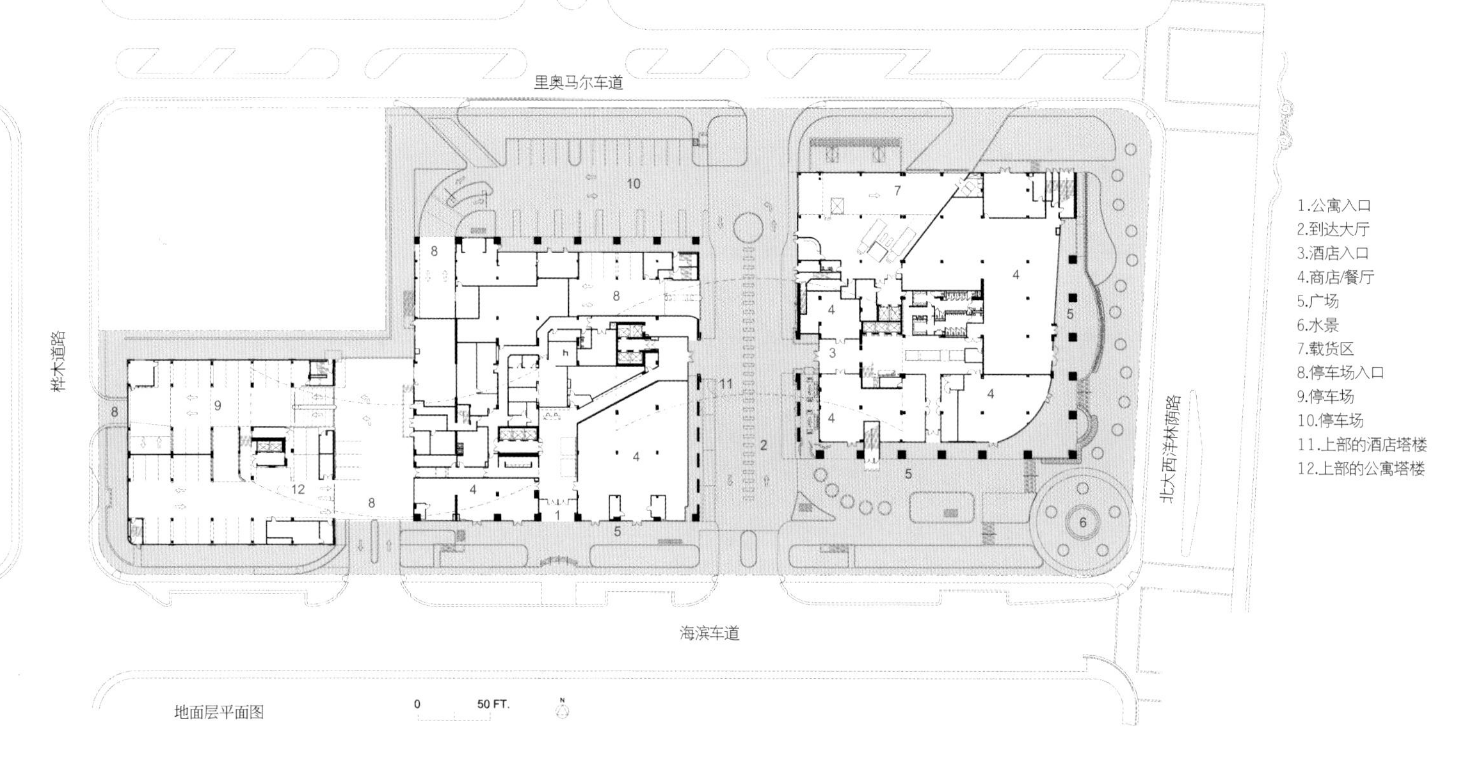

地面层平面图

1.酒店塔楼
2.公寓塔楼
3.朝向大海一侧的泳池
4.朝向海湾一侧的泳池
5.机械设备区
6.娱乐区

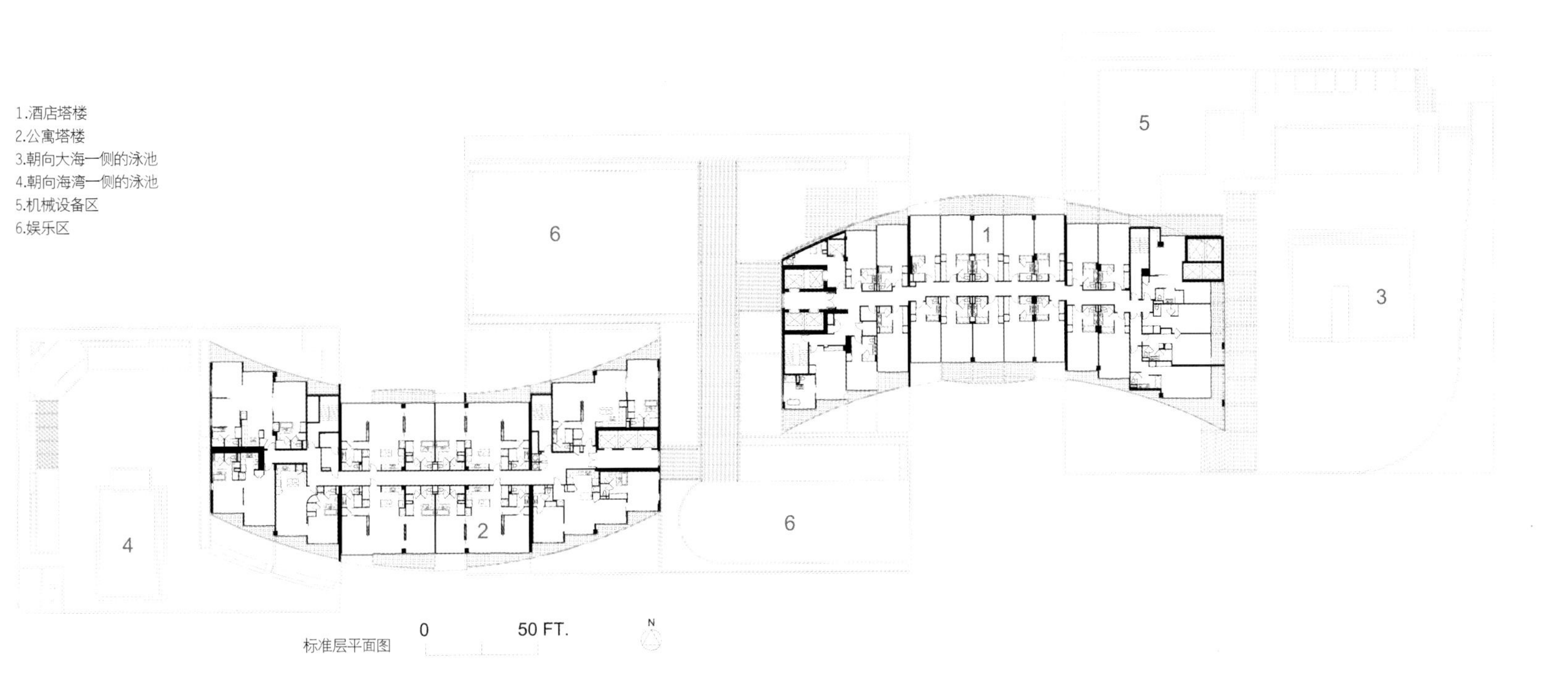

标准层平面图

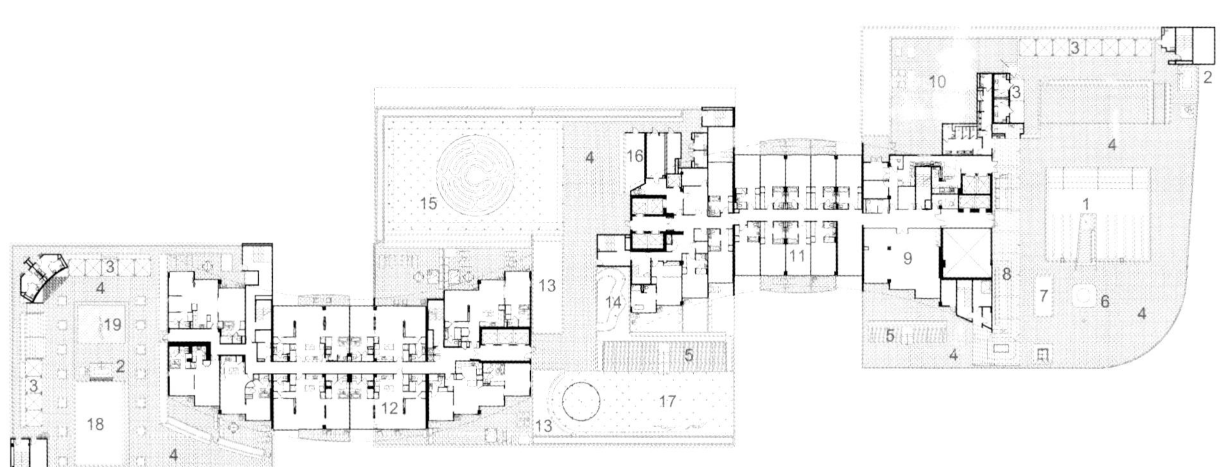

1.朝向大海一侧的泳池
2.温泉
3.公共浴室
4.日光甲板
5.露台日光甲板
6.火坑
7.柚木平台与带雨棚的床
8.酒吧
9.公共体育馆
10.机械设备区
11.酒店塔楼
12.公寓塔楼
13.植被
14.设有雨水灌溉系统的景观区
15.迷宫/娱乐区
16.酒吧
17.娱乐区
18.朝向海湾一侧的泳池
19.雕塑草坪

泳池区平面图 0 50 FT.

欧姆尼达拉斯会议中心酒店

设计单位：5G联合设计工作室
项目时间：2011年
项目地点：美国得克萨斯州达拉斯市
项目面积：120万平方英尺（约111 484平方米）
摄　　影：5G联合设计工作室

欧姆尼达拉斯会议中心酒店位于达拉斯市中心的核心位置，毗邻210万平方英尺（195 096平方米）的达拉斯会议中心，标志着一个重新恢复的新市中心的开始。酒店占据哈尔伍德大街和青春大街拐角处8英亩（32 374平方米）土地中的6英亩（24 281平方米），共23层，包括1 016间客房，使达拉斯市成为美国顶级会议中心之一。场地上剩余的区域将用于餐厅、零售商店以及其他待定的服务设施等。

建筑的外观造型与平面布局为拉马尔大街注入了无限活力，并且在顾客和行人之间创造了一种无缝式交互作用。建筑东西立面采用高透明度的玻璃进行装饰，使行人能够看到内部空间中进行的活动。除了与小巷之间的互动关系，该酒店还与附近会议中心的建筑相互呼应。为了更加容易到达会议中心的服务设施以及促进两个结构之间的空间连续性，该酒店的公共空间布置在较低楼层。这些公共空间包括8万多平方英尺（7 432平方米）的会议空间、几个餐厅、休息室和一个温泉。客房塔楼位于大型支柱和一个透明基座之上，向城市空间展示着酒店的宏伟外观。建筑的两侧采用圆形拐角，为两侧的套房提供达拉斯市南北地平线180° 的广阔视野。

除了庞大的规模和丰富的功能用途，建筑形式令会议中心和周围的街道黯然失色。宽敞的半透明式入口广场在街道和该建筑之间实现无缝连接，以温柔的方式欢迎顾客前来。此外，该设计方案成功克服了众多限制条件，如场地限制、紧张的工期以及LEED银质认证等。

达拉斯会议中心酒店正在向美国绿色建筑委员会（USGBC）申请LEED银质认证。项目用地距两个重轨电车快运（DART）车站0.5英里（805米），可供员工和顾客方便地进入公交运输系统，从而有效降低来往酒店路途上的碳足迹。酒店将为低排放机动车提供便利的停车场所，而且还将装设自行车存放处。为了降低现场热岛效应，将选用具有较高太阳能反射指数的屋顶材料和路面材料。

项目用地属于“褐色土地”，因此将对土壤和地下水中的污染物进行清除，作为施工前的补救措施。与当前场地条件相比，该项目将至少减少25%的雨水流失，酒店停车场与现有停车场面积相比将有所减小。为了进一步降低建筑的碳足迹，将鼓励酒店经营者签署至少两年的可更新能源合同。水资源保护对于项目小组来说具有重要意义，因此场地内的所有灌溉用水将由现场蓄水池提供，而蓄水池的水源主要来自雨水以及回收的冷却塔的凝结水。

项目建成后，酒店经营将实现循环利用以及绿色管理等功能。

室内设计方案由一个设计师团队合作完成，全体设计人员一致赞同希望实现的主题和感官设计。设计团队试图在现代化设计的审美原则与家庭的舒适感之间寻找一种平衡，因此团队希望打造一个独特空间，以表示对所处区域的敬意。设计师们采用拱形外观，努力通过独特而永恒的方式将不同材料融入建筑空间当中。

屋顶露台位于地面以上60英尺（18米），设有公共设施和私人设施，可以作为达拉斯市中心的一个公共活动场所。该露台可以供人们观赏南北两侧的壮丽景观，是任何时段举办各种活动的理想场所。丰富的绿化元素以及舒适的室外设施使人们感觉这里就像是一个正在恭候客人的现代化城市绿洲。

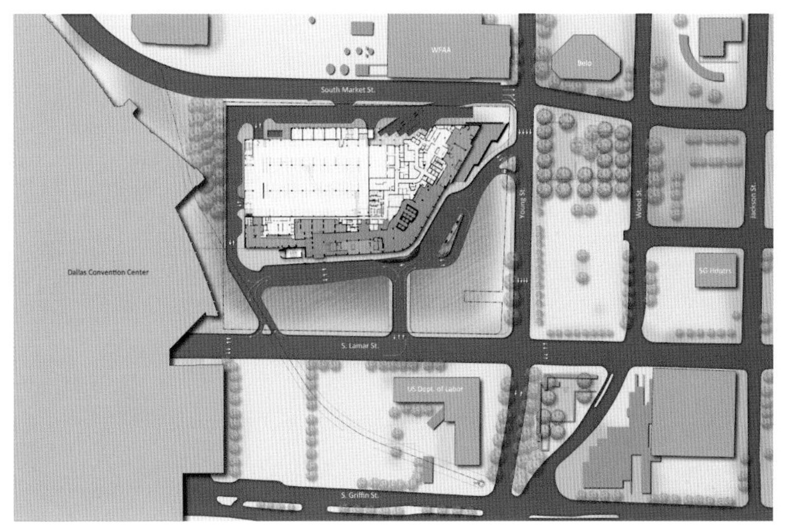

总平面图

OMNI HOTEL

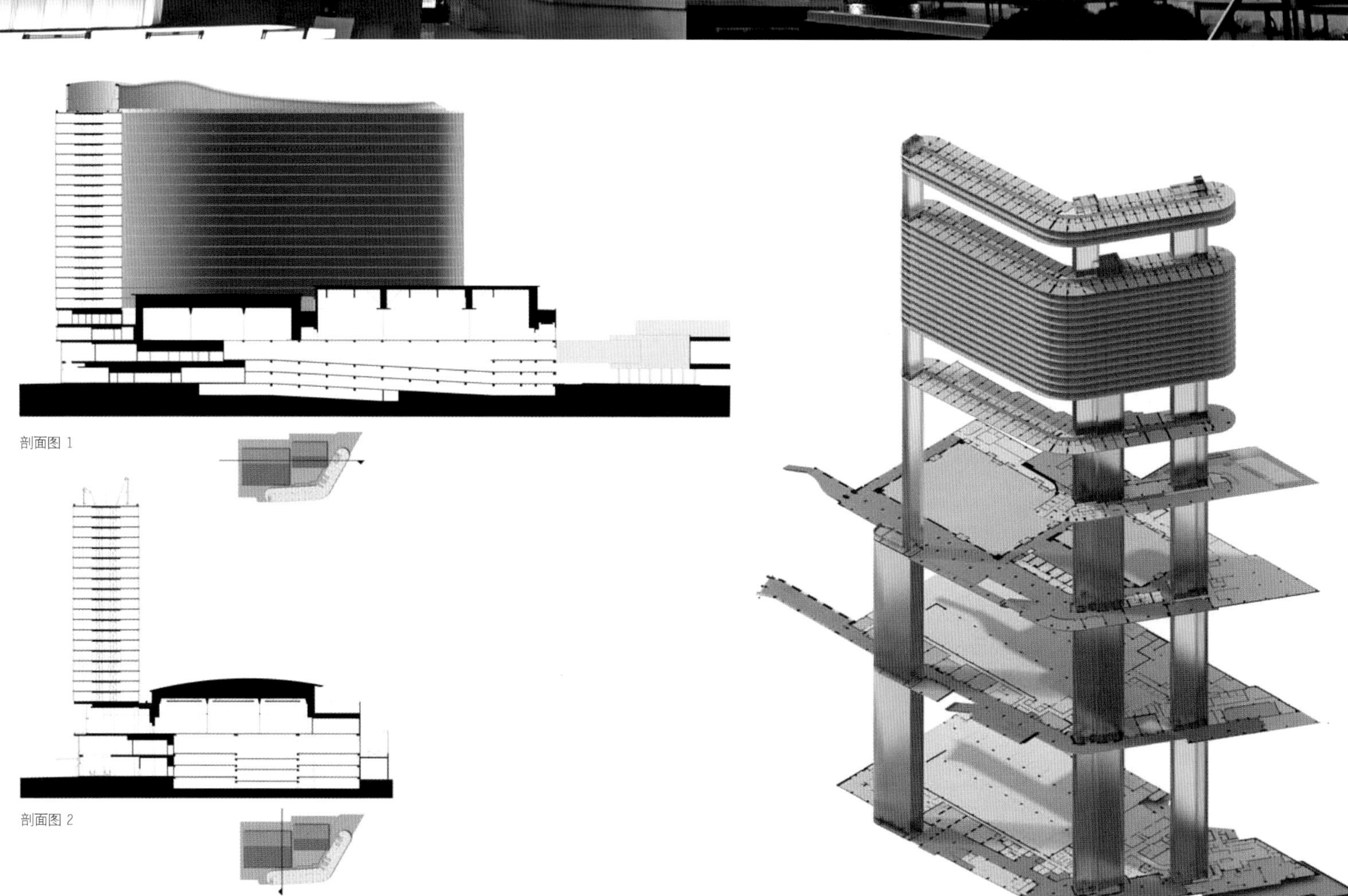

剖面图 1

剖面图 2

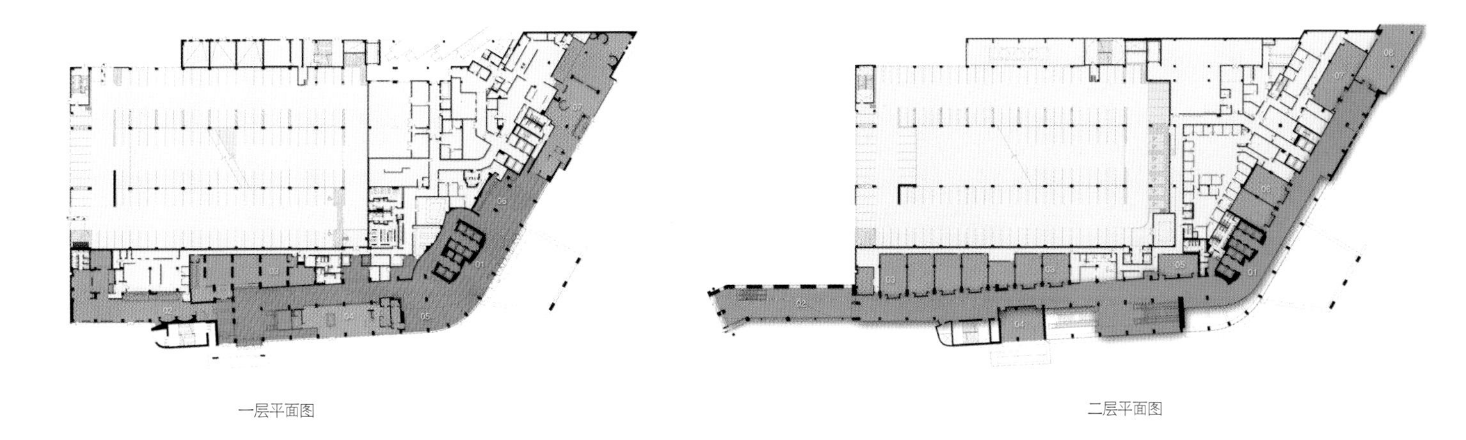

一层平面图

二层平面图

collections

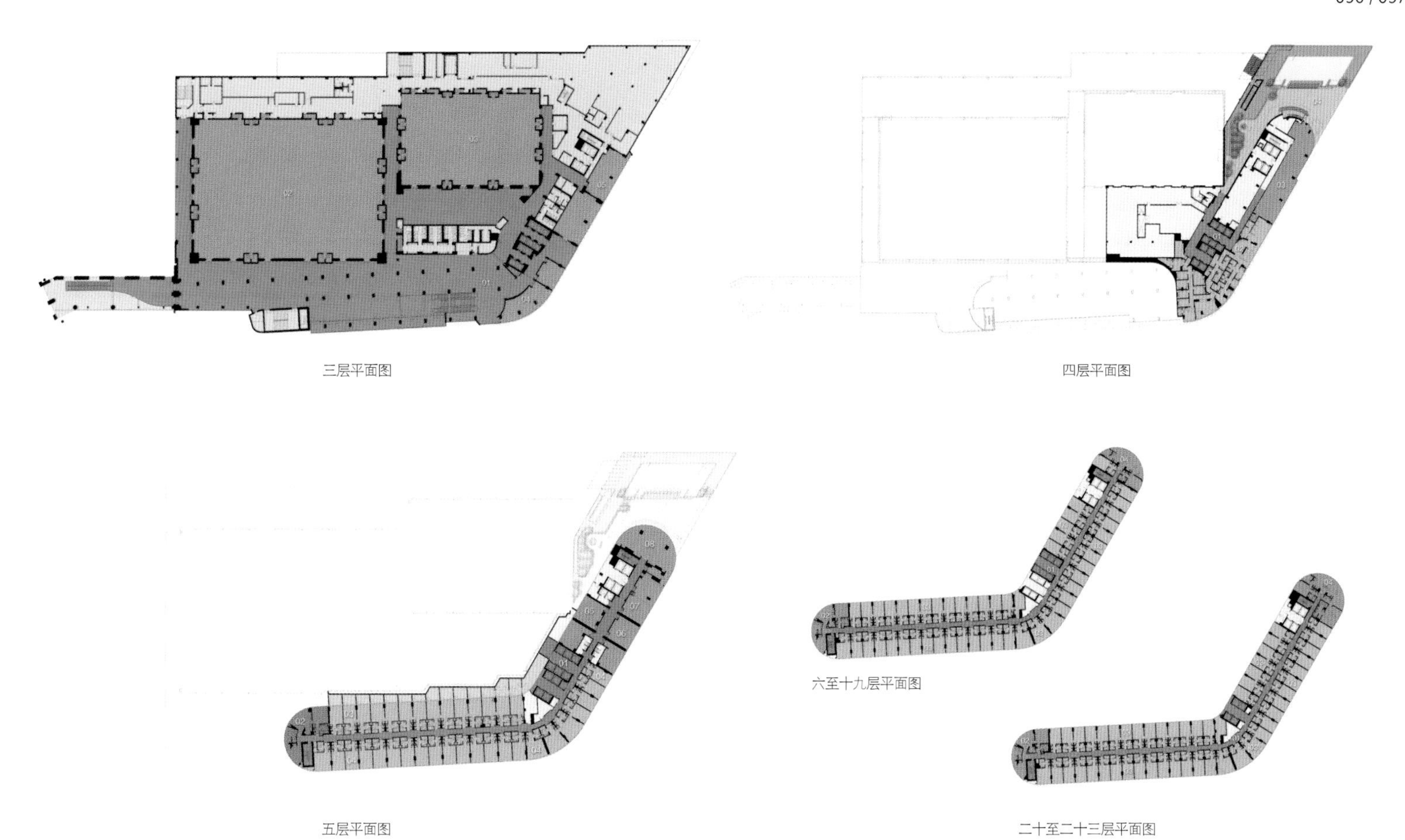

三层平面图

四层平面图

六至十九层平面图

五层平面图

二十至二十三层平面图

佐蒂亚哥公园大厦

设计单位：GPA&A建筑事务所
建 筑 师：古斯塔沃·彭纳、亚历山大·布拉甘萨、诺贝托·班博兹、勒提西亚·卡内罗、劳拉·卡拉姆、劳拉·彭纳、普里希拉·迪亚斯·德·阿罗约
项目时间：2010年
项目地点：巴西米纳斯吉拉斯州
项目面积：13 800平方米
摄 影 师：约马尔·布拉甘萨

该项目的设计理念是将建筑与周围环境相互融合在一起，因此采用曲线造型、阳台以及花园等元素，将该建筑插入景观环境中，有效软化了建筑的轮廓。

项目用地位于圣卢西亚地区左蒂亚克街和特拉大街之间的一个西北向斜坡上，周围是地道的居住环境。

该建筑的建筑密度为11.8%，渗透面积为38.7%，其中2 752.5平方米面积用于花园和开放区域。值得注意的是，该项目的渗透面积比《土地使用与占用法》中规定的20%要高出很多。场地边界没有设置任何形式的建筑结构，只在地下部分到达了这些边界。左侧的侧面间距大约为20米，右侧约为26米，同样大大超出了15米的最小间距要求。

建筑顶部设有日光广场，有效保留了周边区域的景观视野。

从地质角度看，该项目拥有良好的地质条件，因为与现有建筑文化的主要惯例不同，该项目充分利用了所具有的所有地质环境特点，如在所有可能条件下从内部对所有被动副作用进行抵消，而且所有主动副作用都得到了有效利用和提高。

总平面图

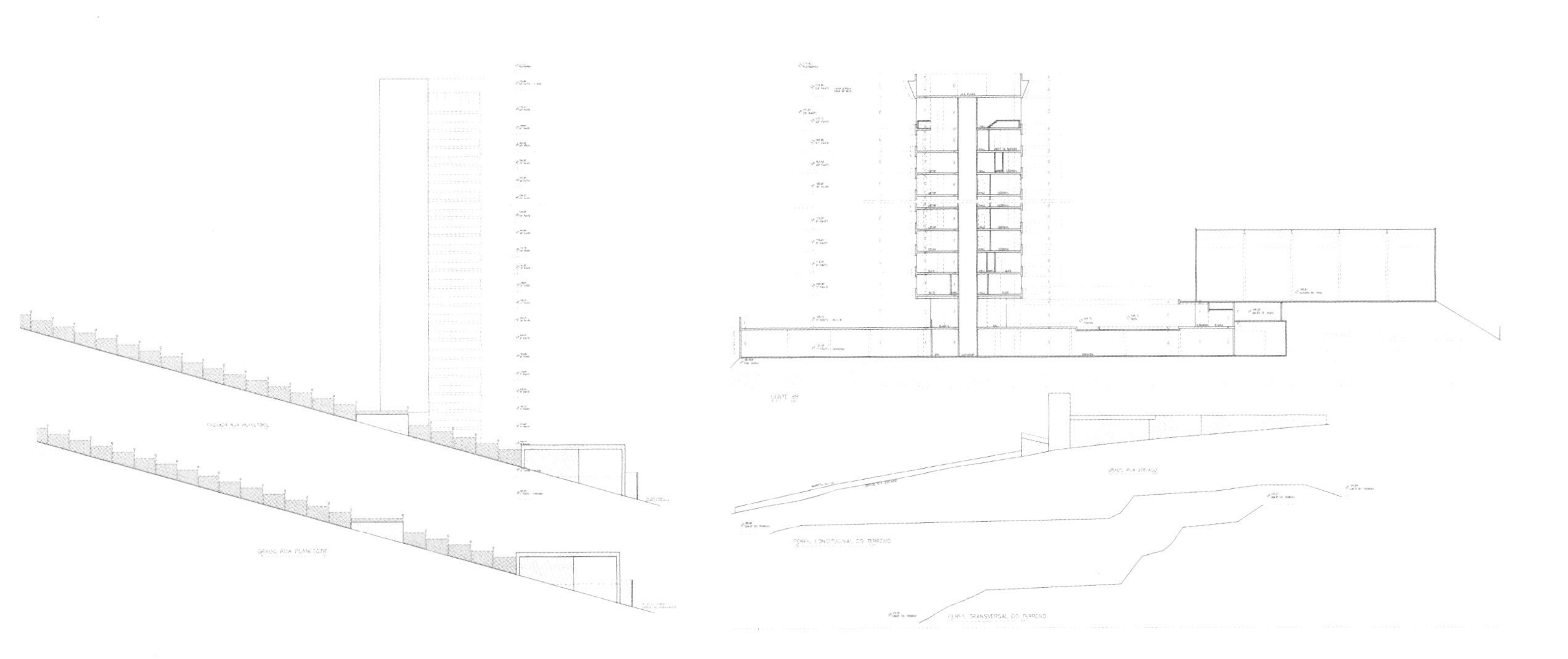

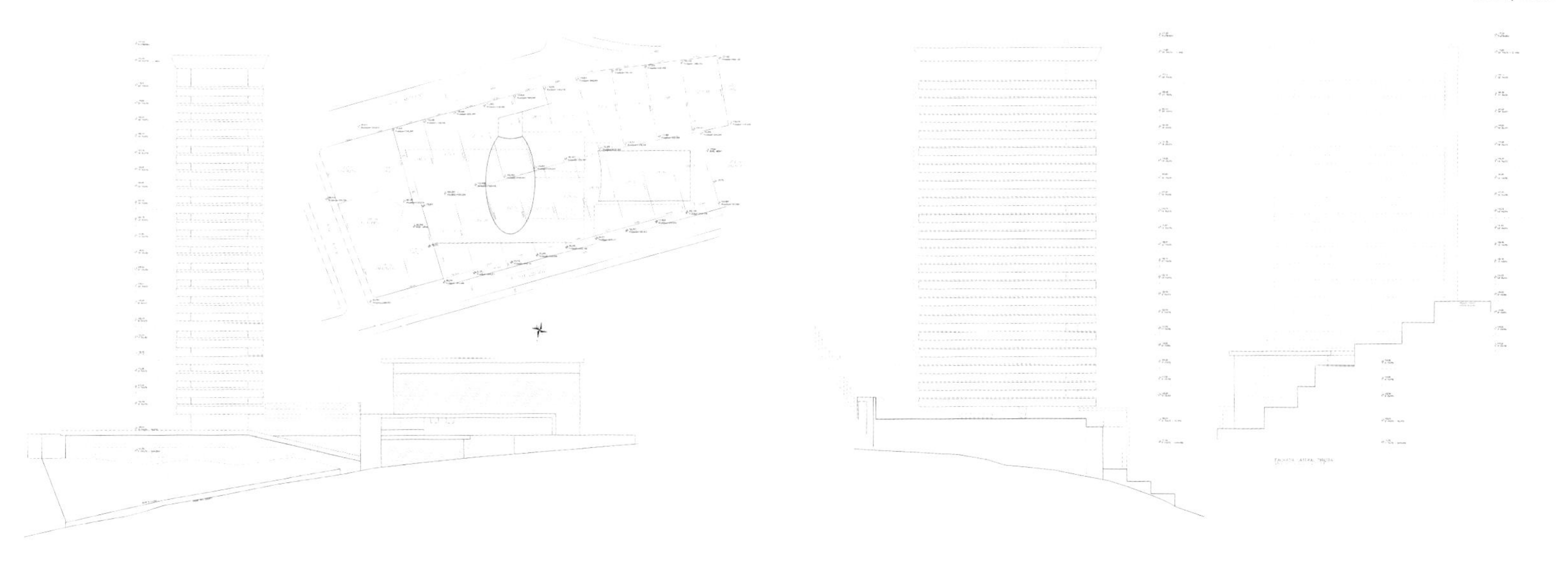

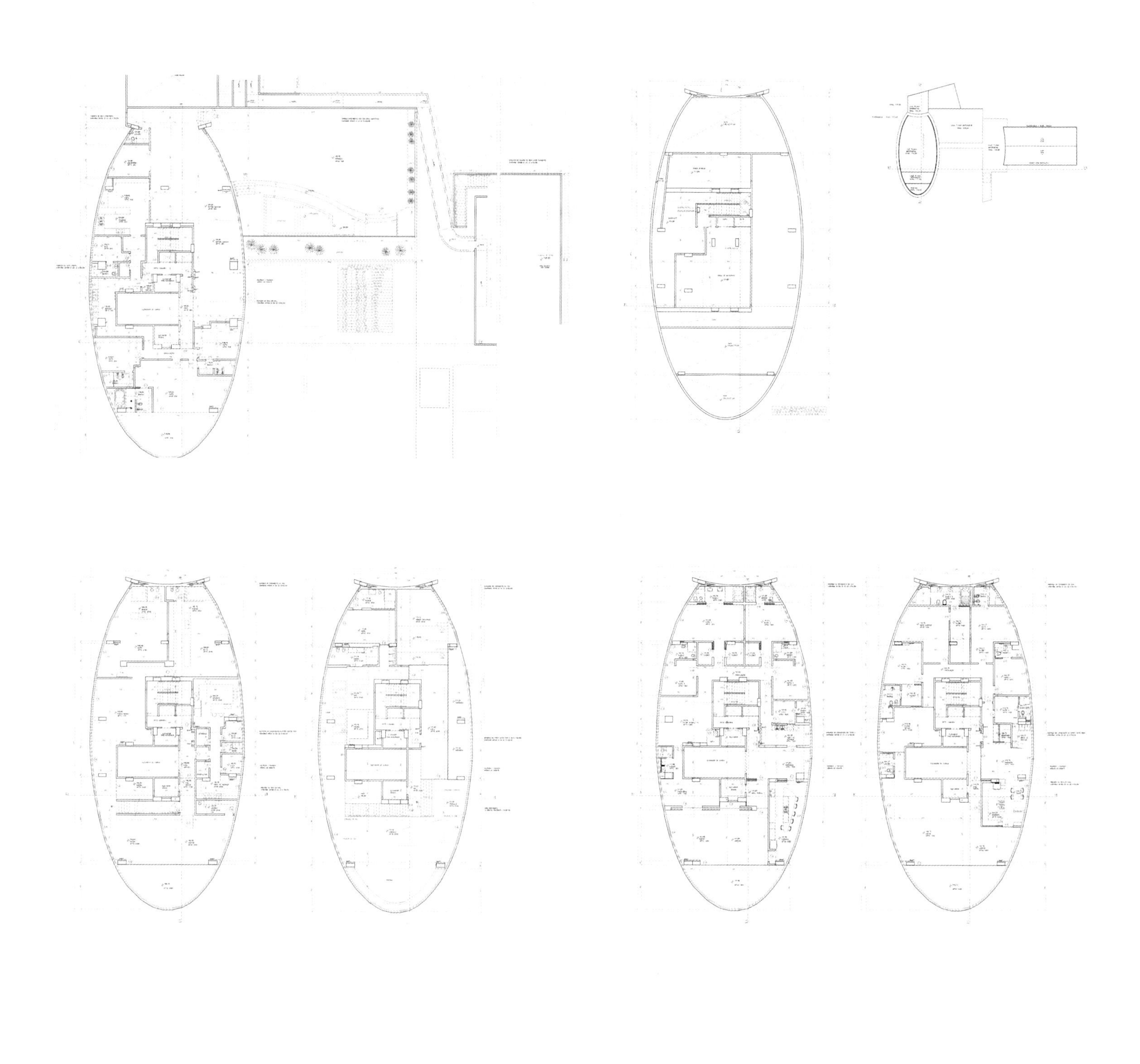

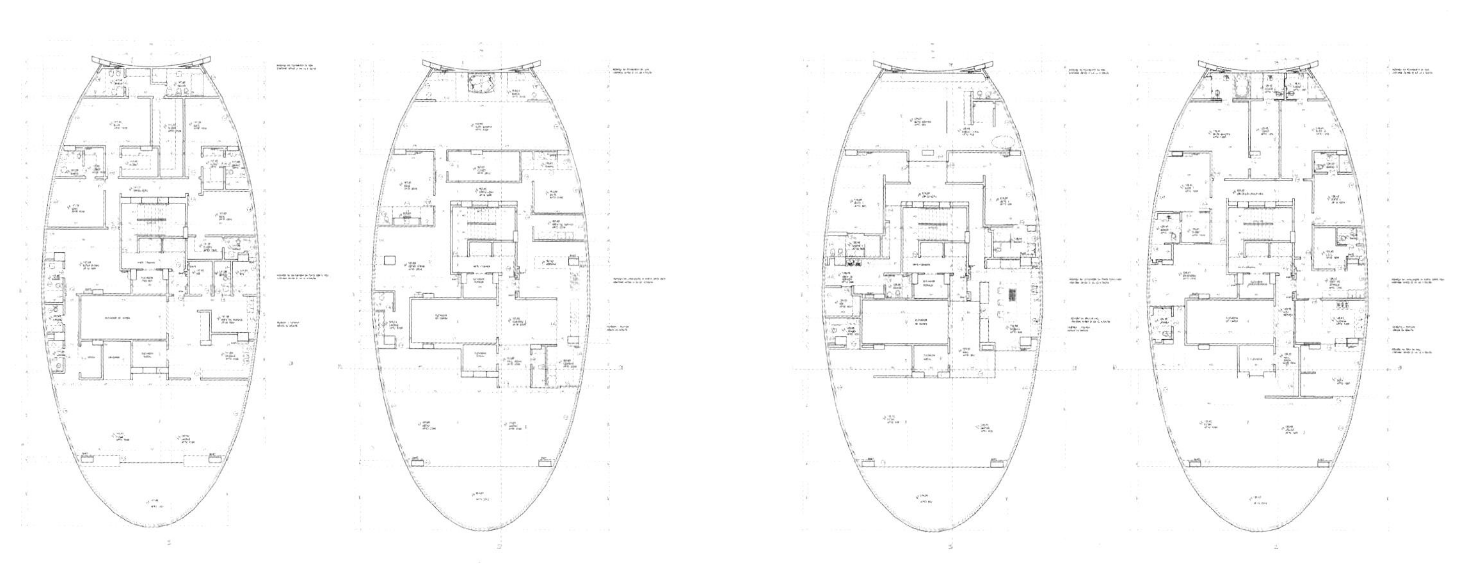

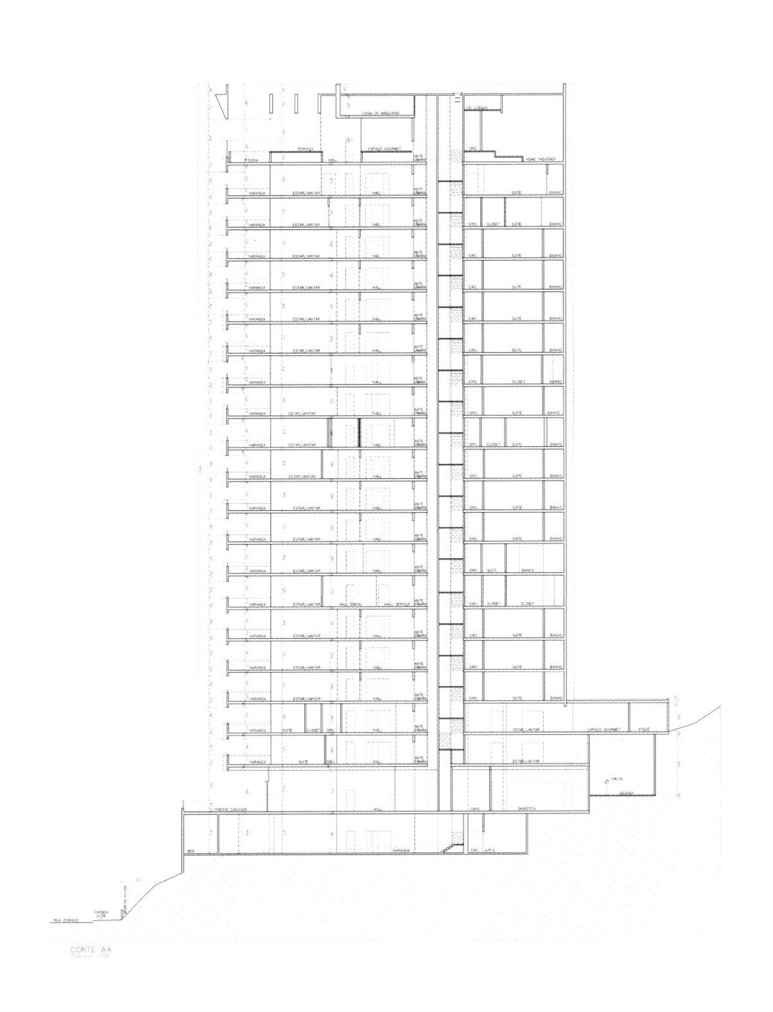

奥特酒店

设计单位：莱美-米查德建筑设计事务所
项目时间：2007年
项目地点：加拿大
摄 影 师：皮埃尔·贝朗格

该项目位于蒙特利尔郊区一个集商业、文化和企业办公等功能于一体的新开发区内。此次设计任务是在不断发展的环境中打造一个经久耐用的独特酒店建筑。

场地的面积有限，而且客户希望通过建筑外观与室内空间的创新设计来展示独特的酒店品牌，从而形成了这个14层楼高、共有159间客房的混凝土酒店建筑。

酒店拥有优雅精致的外观，并且实现了设计连续性。窗户的形式、比例和布局比较复杂，颜色也很考究。外墙预制混凝土包层充分体现了建筑的连续性。酒店正反两面分别设有空中花园，从这里可以欣赏到附近蒙特里根丘陵的开阔景观。立面上的照明设施在夜间为人们提供指引，而不是用于商业广告。

建筑内部采用大面积裸露混凝土结构，如公共空间里的混凝土支柱以及客房与会议室里的混凝土天花板等。客房内设置的宽大窗户可以为室内引入充足的自然光照，人们还可以通过百叶窗有效控制室内的通风效果。

标准房间采用独特的布局，并用玻璃和其他非传统元素进行装饰。暖色调的天然木材和塑料层压板相结合，不仅牢固，而且易于维护。宽敞的公共空间内拥有良好的照明，这里采用鲜亮的颜色和装饰元素。这些场所的照明方案均经过精心设计，从而有效促进底部两个楼层之间的交流。

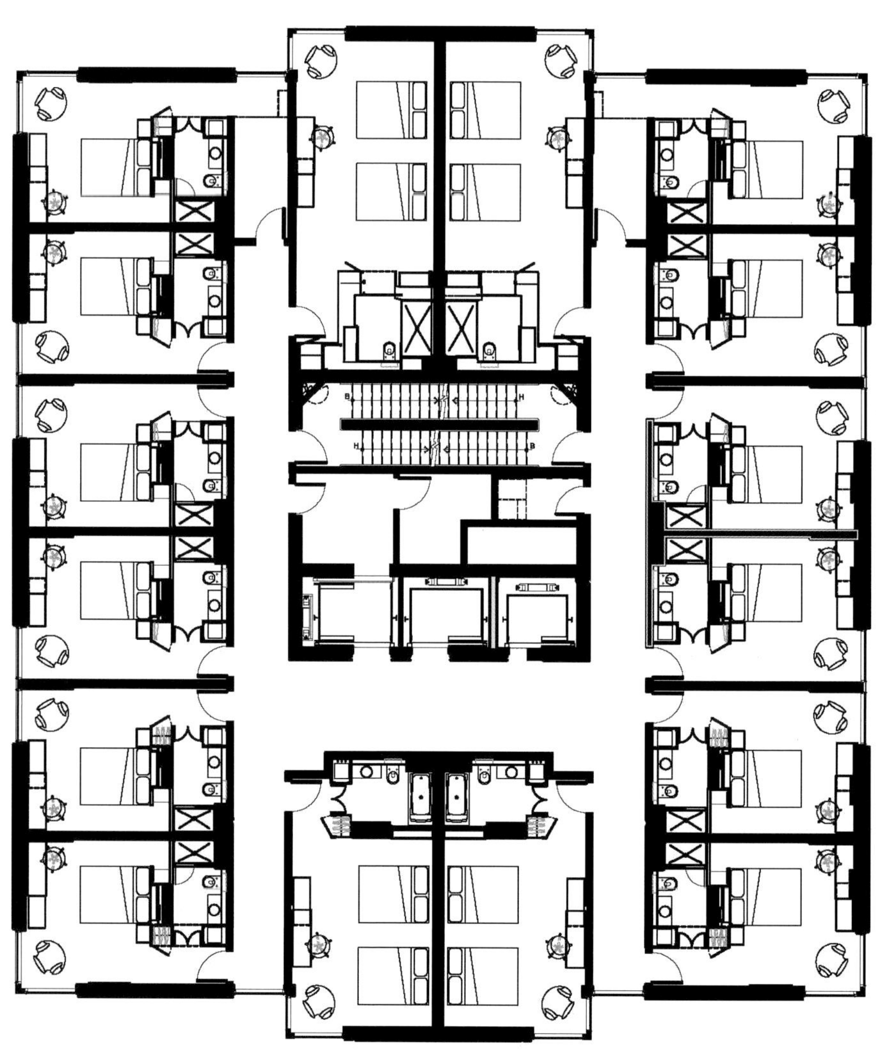

平面图 1

alt
HOTEL

alt
HOTEL

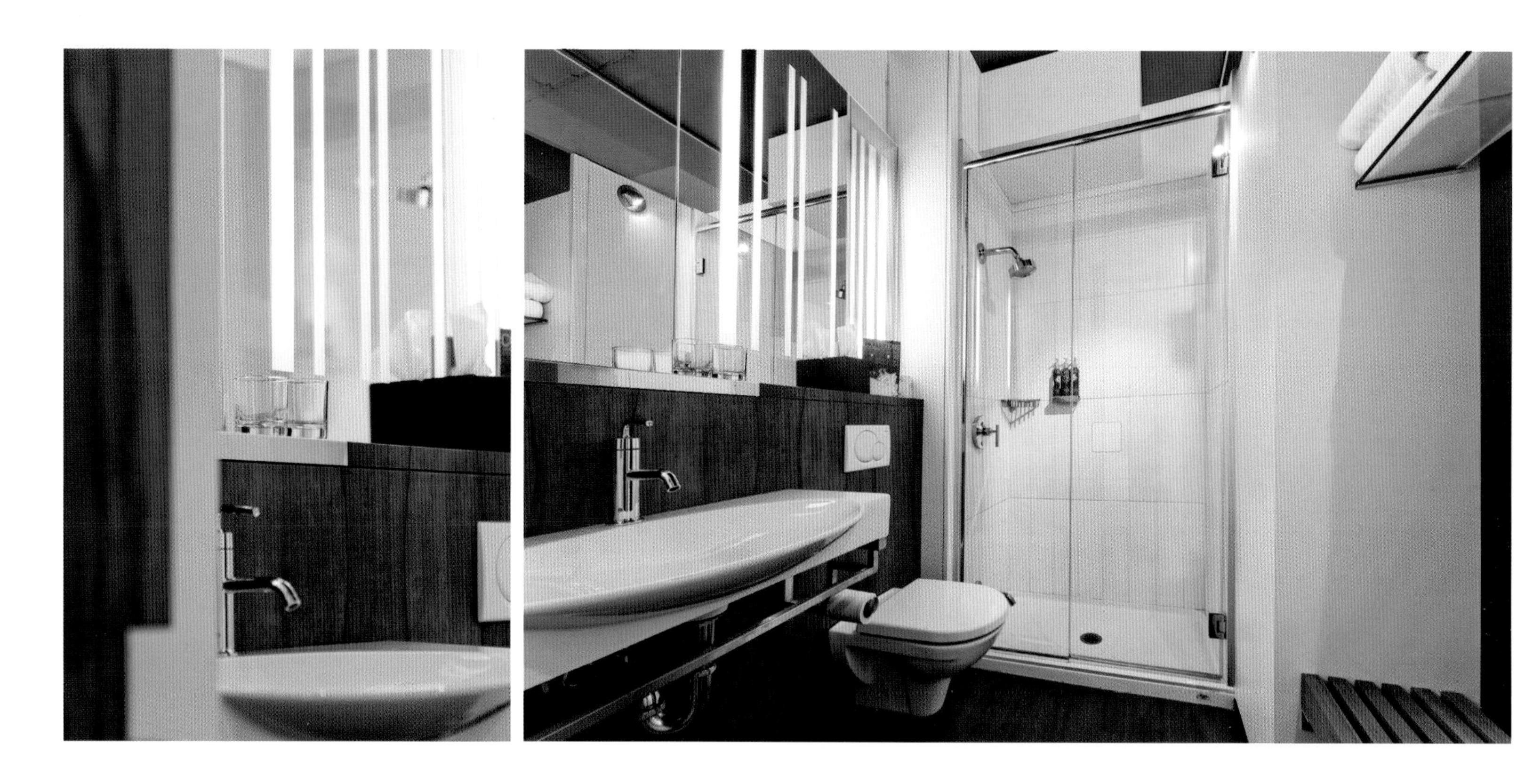

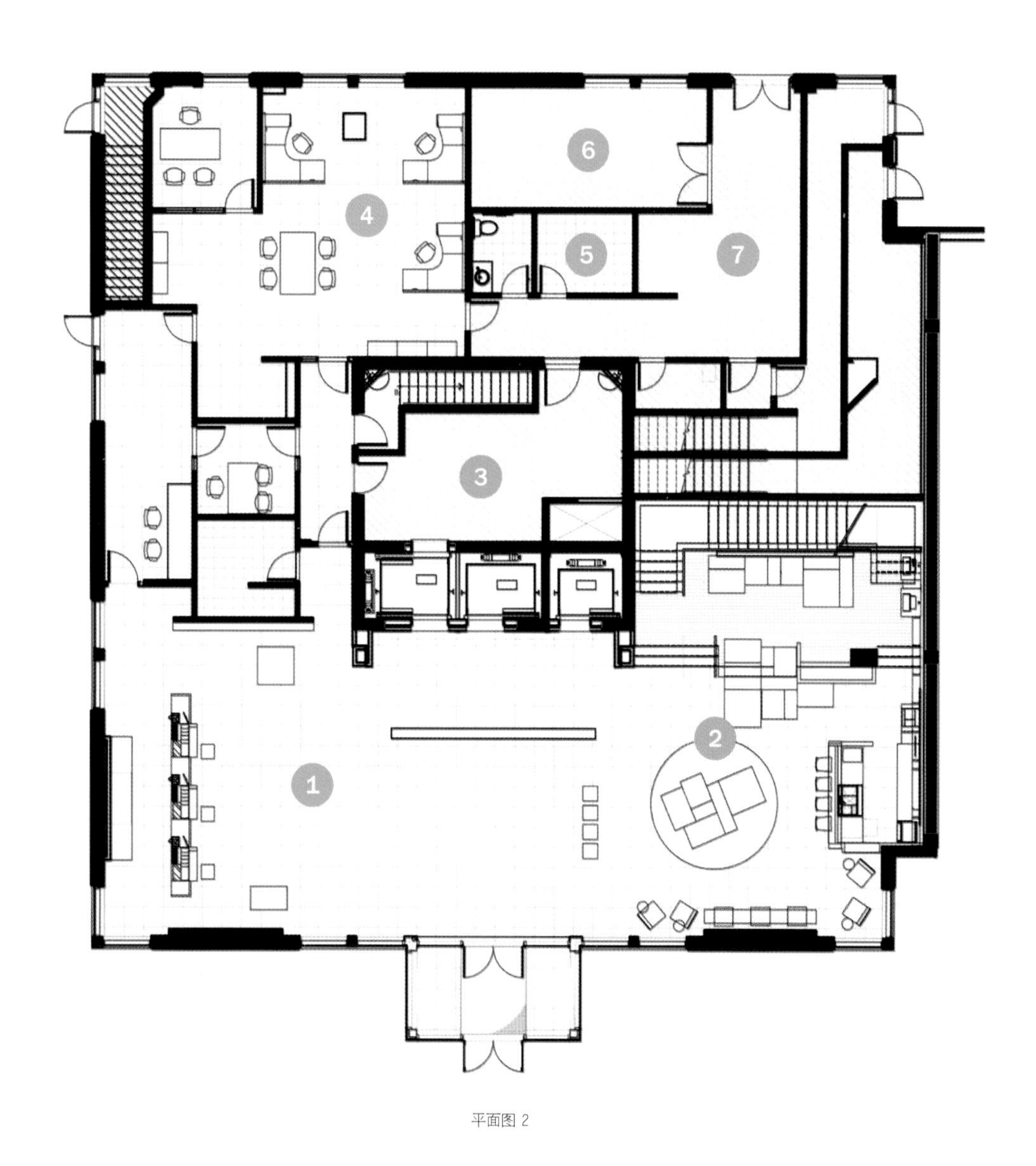

平面图 2

1 服务台
2 休息室
3 服务区
4 管理区
5 服务区
6 服务区
7 通道

卡尔加里热尔曼酒店

设计单位：莱美-米查德建筑设计事务所
项目时间：2010年
项目地点：加拿大
摄 影 师：皮埃尔・贝朗格，热尔曼集团

与热尔曼集团旗下的其他酒店项目一样，卡尔加里热尔曼酒店为用户提供了一些新鲜元素。莱美-米查德建筑设计事务所的创立者之一维亚特・米查德解释说："在每个热尔曼酒店项目的设计方案中，我们都会力争重塑风格，提供舒适和个性化的服务体验，同时加入创新元素。"该事务所负责此次酒店的建筑与室内设计工作。

独特的地理位置

卡尔加里热尔曼酒店坐落在市中心，拥有得天独厚的地理位置，位于第九大道和中央大街的拐角处，距离各种设施仅一步之遥，与卡尔加里大厦只隔了一条街，离会展中心和卡尔加里的各种文化机构也仅有几分钟的路程。酒店与城市的天桥网络相连，但不像热尔曼集团旗下的其他酒店，该酒店大门实际上是直接设置在第九大道上。大厅内设有两层楼通高的玻璃幕墙，朝向主要商业街展开，从而在街道和酒店空间之间营造出 种充满活力的独特氛围。

此外，卡尔加里热尔曼酒店是一个多功能综合体建筑的一部分，原有建筑是卡尔加里城市景观中的一个地标性建筑。该项目位于第八大道和第九大道之间，共包含两幢大楼（12层的热尔曼酒店和11层的办公楼），建筑之间

设有两层楼高的温泉中心，上方是呈阶梯式布局并且带有露台的豪华公寓。这个综合体建筑形成了一个闪亮的拱门，点亮了卡尔加里的天际线。

豪华、静谧与创新

在卡尔加里热尔曼酒店内，材料的选择和室内的设计都遵循轻松和舒适的原则。“我们的目标是营造一个温馨的环境，同时又带有一丝创意。”维亚特·米查德解释说。酒店外墙覆盖木质层压板，可以起到保温隔热的效果，同时也是室内设计的一个主要元素。除了令人印象深刻的外墙窗户外，主入口也是一个充满活力的空间。入口处设有宽大的玻璃休息室，朝向街道展开，几乎占据了整个酒店的大厅。

在大厅与服务台之间设置了一面类似页岩的灰色和黑色再生壁毡墙壁，既增加了墙壁的质感，同时又可以起到良好的隔音效果，代表这里的特殊环境理念：豪华、静谧与创新。这种设计理念在整个酒店内部到处可见，从酒吧的马赛克地板到走廊的LED照明设施，再到用来装饰电梯的火山岩。此外，90口钻井可以为酒店提供足够的地热能，用于加热水和一些采暖地板。所有房间都配备了满足现代旅客需求的设施（例如互联网接口和平板电视等）。

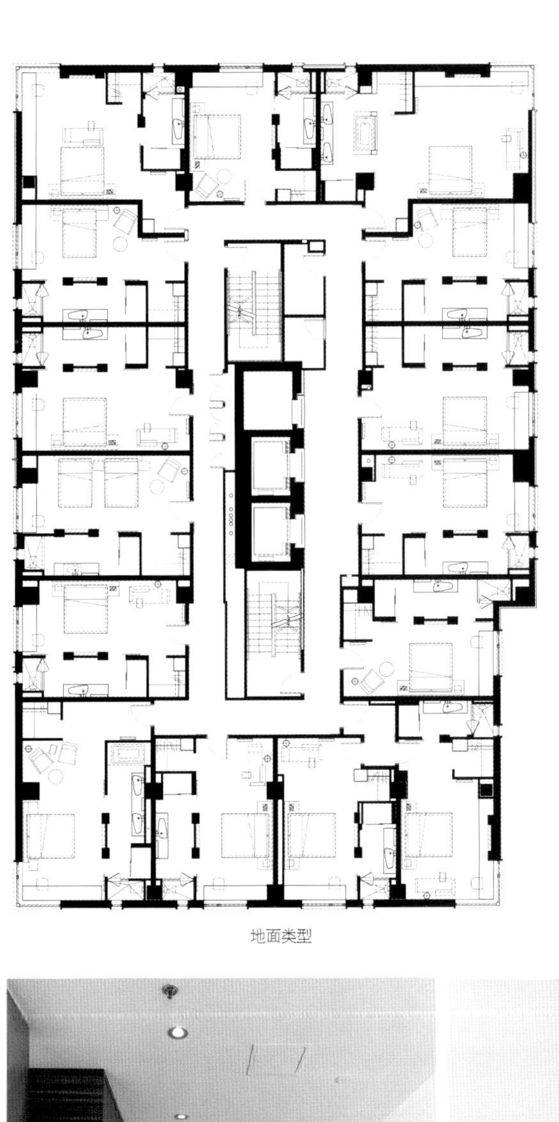

地面类型

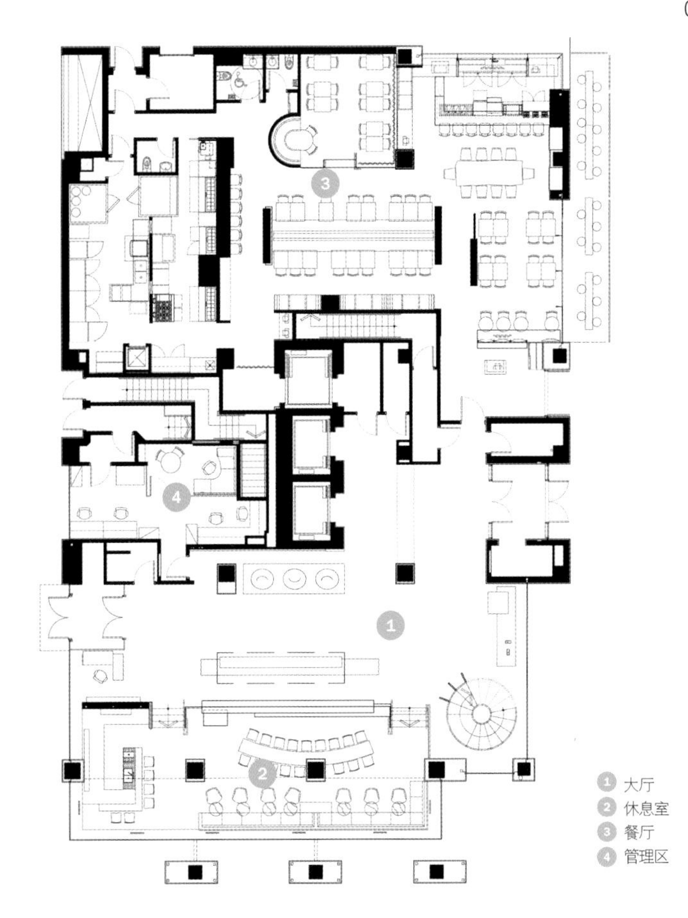

1 大厅
2 休息室
3 餐厅
4 管理区

万豪庭院酒店

设计单位：Zechner & Zechner建筑设计有限公司
项目时间：2008年
项目地点：维也纳克里奥区
项目面积：约22 800平方米
摄 影 师：特西罗·哈德雷恩，慕尼黑；马里奥特

克里奥位于维也纳普拉特区，近年来一直在实施城市高密度开发项目。在一块近4万平方米的建筑用地上已经建成了一座高层建筑、多座办公大楼、一座住宅楼以及维也纳万豪庭院酒店。

该酒店的建筑结构与周围高层建筑的凹凸形状相呼应。周围建筑带有一个回旋镖形状的八层弯曲形客房配楼，底部设有单层裙楼。服务台、餐厅、会议室及酒店管理部门都位于全玻璃结构的裙楼内。

圆形的玻璃立面从各个角落向外延伸，使人们在建筑外面的公共空间就可以感受酒店的内部生活，同时将酒店内部空间向外延伸，使餐厅露台朝向未来将建造的湖畔长廊，这些露台即使由于天气原因无法使用时，也能为酒店提供光线和通风。

八层楼高的酒店客房配楼拥有复式走廊和250间客房，客房沿建筑主轴进行布局，以确保大楼两侧拥有最佳的采光效果。北侧的顾客可以欣赏到新建的“二区”景观，而南侧和东侧的顾客可以俯瞰普拉特区的城市景观。

酒店客房配楼的立面采用透明和不透明元素进行装饰，从条形码中获得灵感，在立面上采用狭窄的明暗条纹交叉设计。明亮的铝制面板与深色的窗框在不同楼层上垂直交错，形成一种朴素但不单调的视觉效果，使大楼外立面拥有独特的外观造型，从远处也清晰可见。

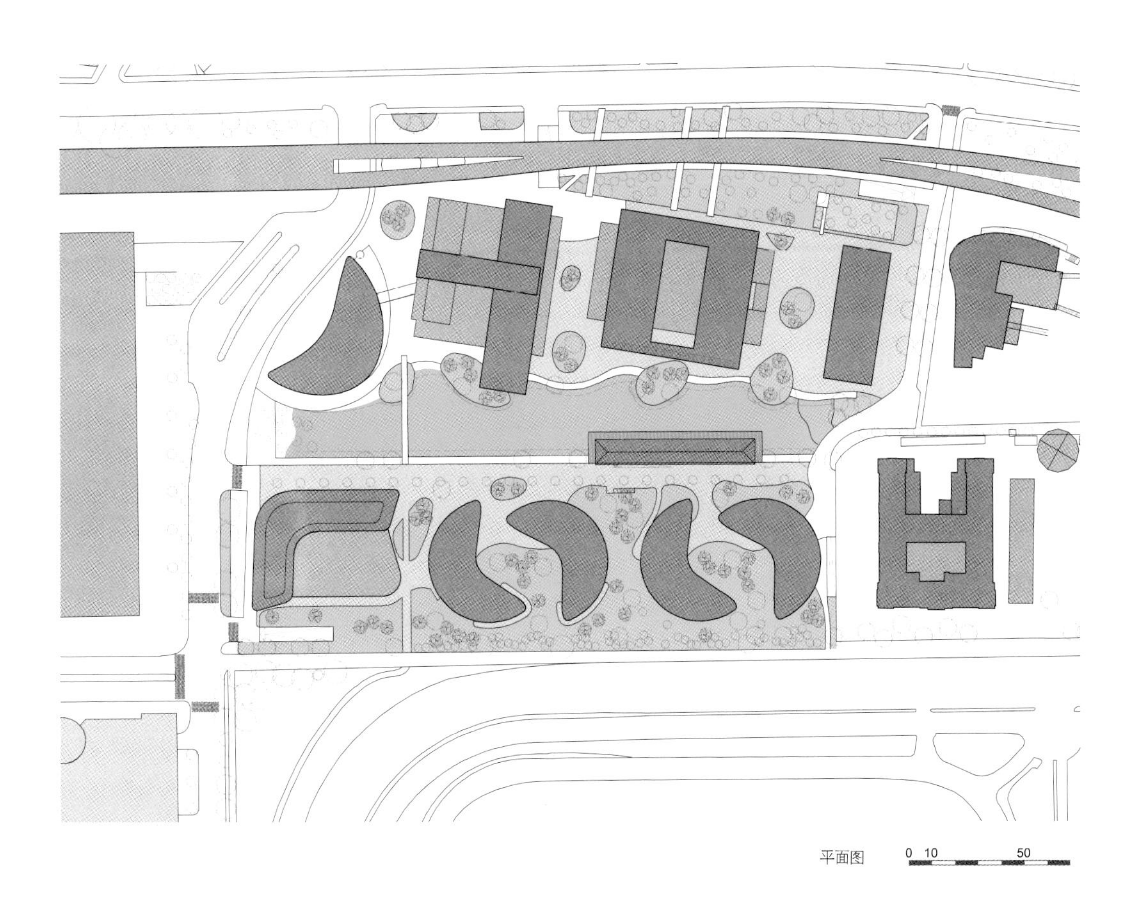

平面图

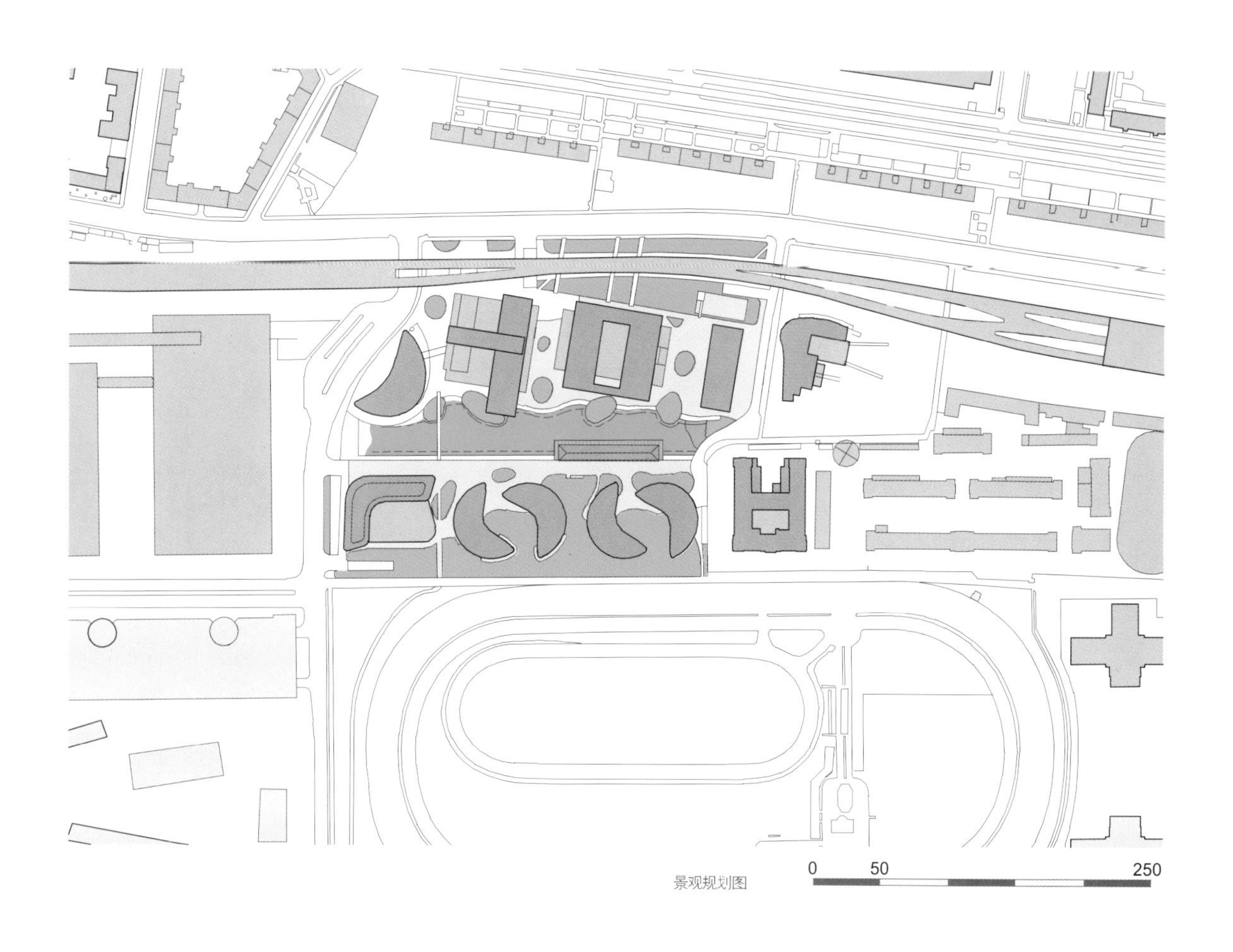

景观规划图

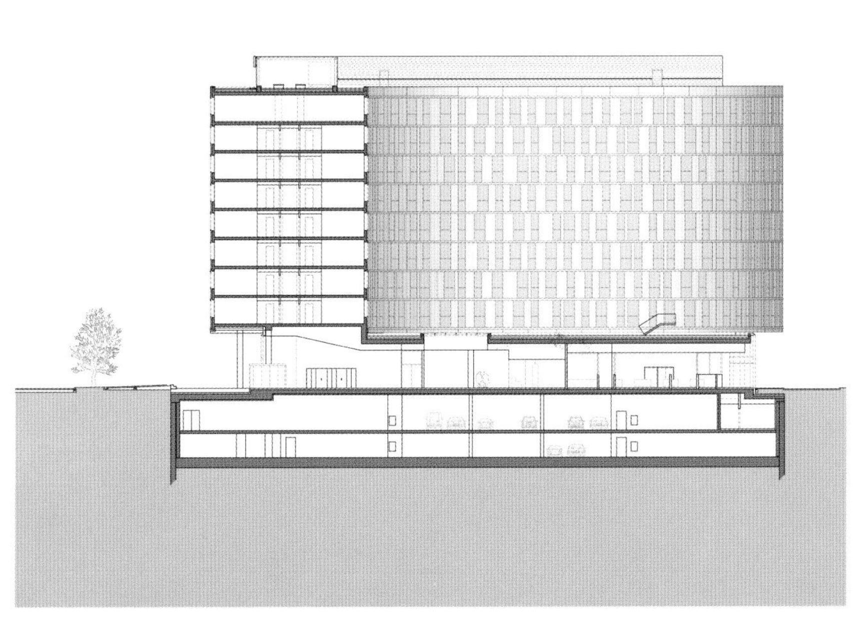

剖面图 1

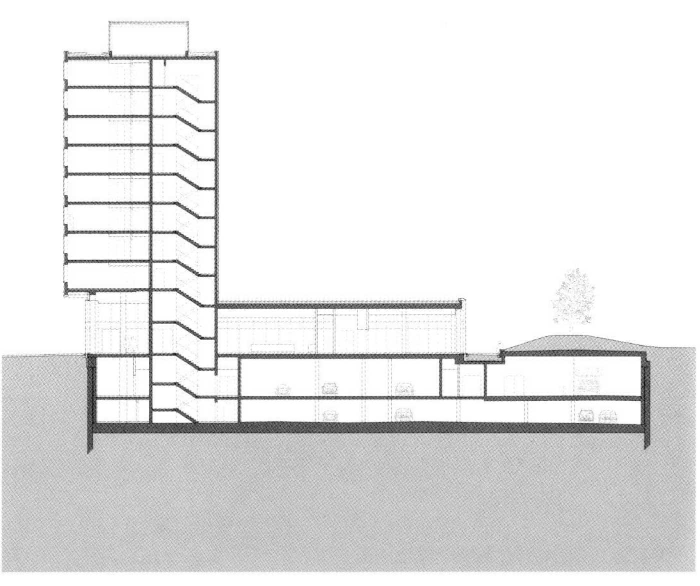

剖面图 2

NOVARTIS
MESSE WIEN

COURTYARD
Marriott

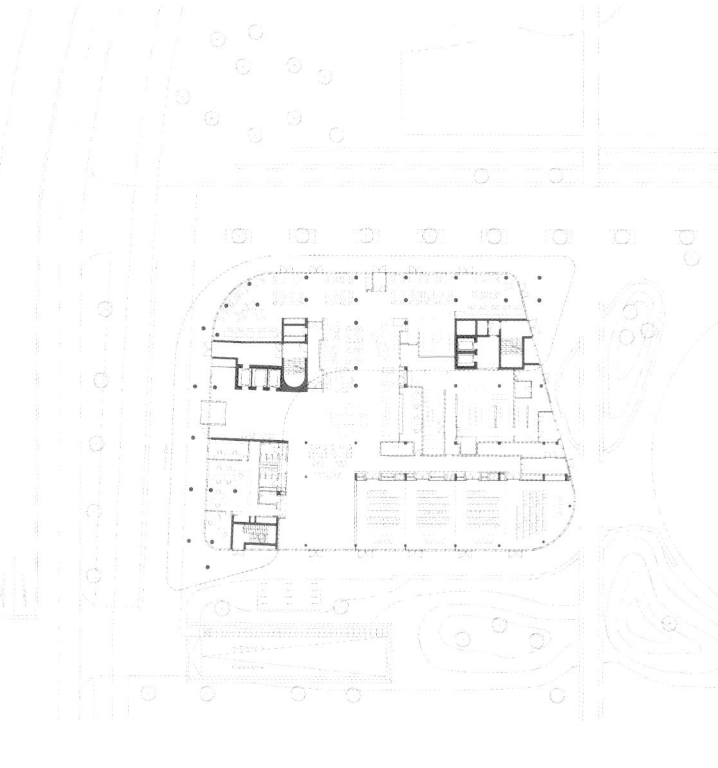

平面图

达令酒店

设计单位：考克斯建筑私人有限公司
项目时间：2011年
项目地点：澳大利亚悉尼派蒙区
项目面积：42 000平方米
摄 影 师：布雷特·博德曼

达令酒店位于派蒙区18至19世纪高密度历史老城区。

通过对环境特点和城市空间进行仔细分析，逐渐形成一套清晰的设计理念，有效提高了酒店周边和内部以及附近游乐场综合体建筑地面层的公共交通系统。通过这些城市规划策略，派蒙区的联合广场再次与悉尼港和一个公共运输换乘站实现了连接，为人们提供便捷的交通设施。

酒店大厅被当作一个连接两个入口的“过道”，吸引人们穿过酒店，并且直接将大厅与达令港娱乐区连接起来。酒店中庭具有多种功能，不但提高了空间品质，而且可以举办公共活动，进一步扩展了联合街道的休闲咖啡馆和酒吧等空间。

裙楼尺寸经过精心设计，大面积的当代坚硬石材与周边历史环境特点和街景元素成功融合到一起。

建筑平面布局使北向房间的数量实现了最大化，同时使客人能够获得最大化的视野和自然照明。

建筑造型尊重周边环境，表面采用玻璃幕墙进行装饰。该项目为悉尼港打造了一种积极且难忘的身份象征，仿佛正在向派蒙大桥上的行人招手，吸引人们前来住宿。

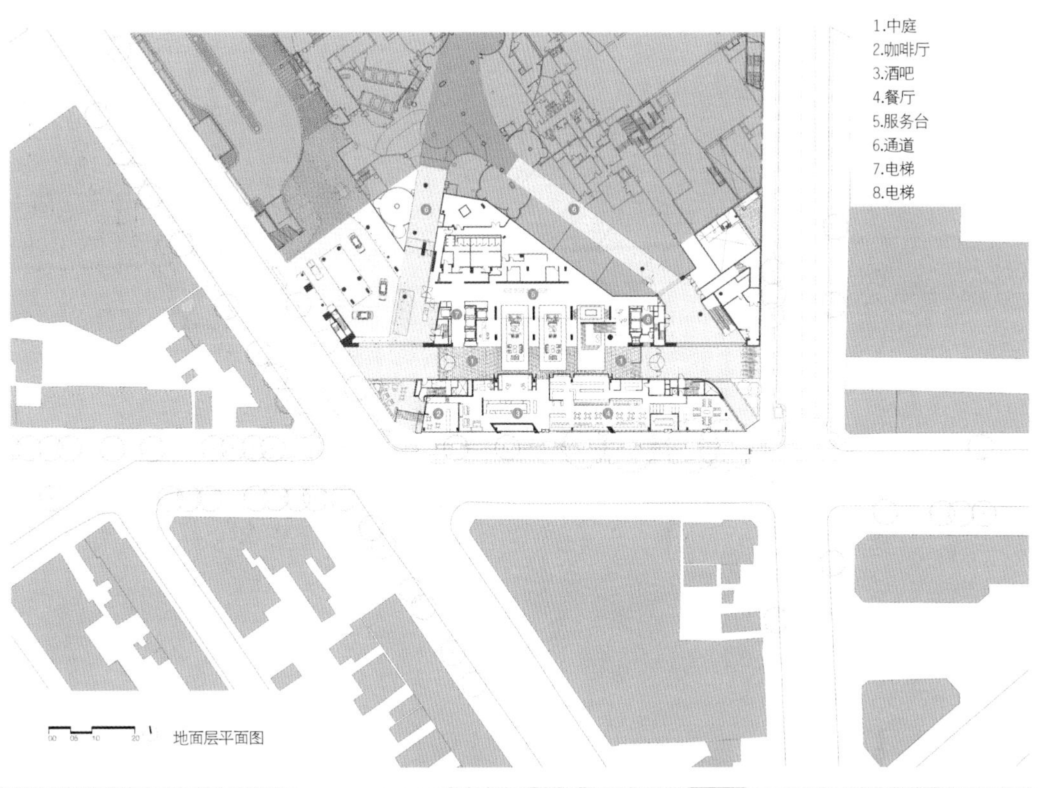

地面层平面图

THE DARLING

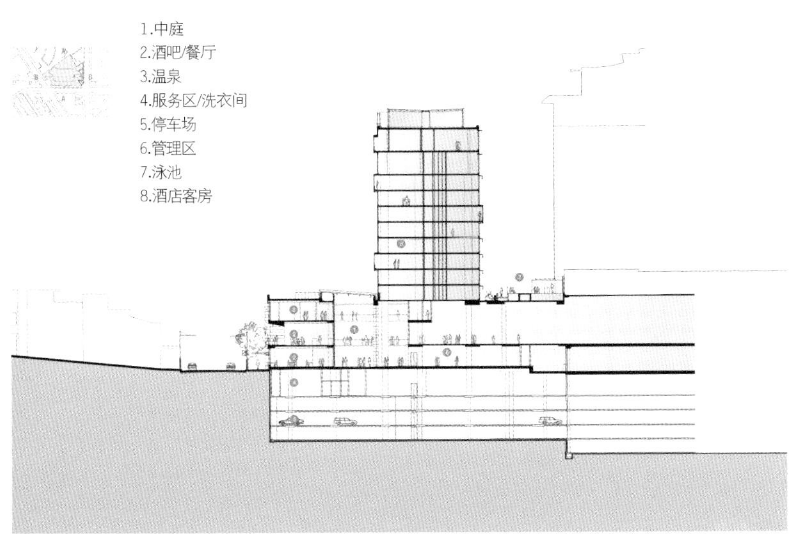

南北剖面图 (AA)

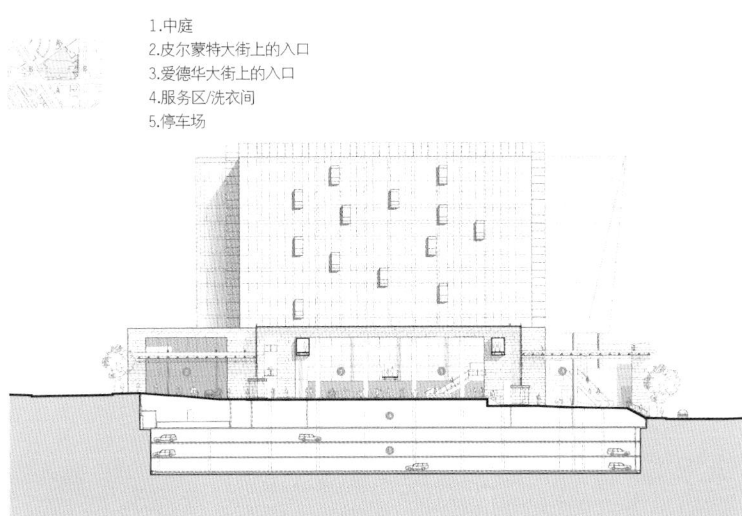

东西剖面图 (BB)

联合大街一侧的正面图

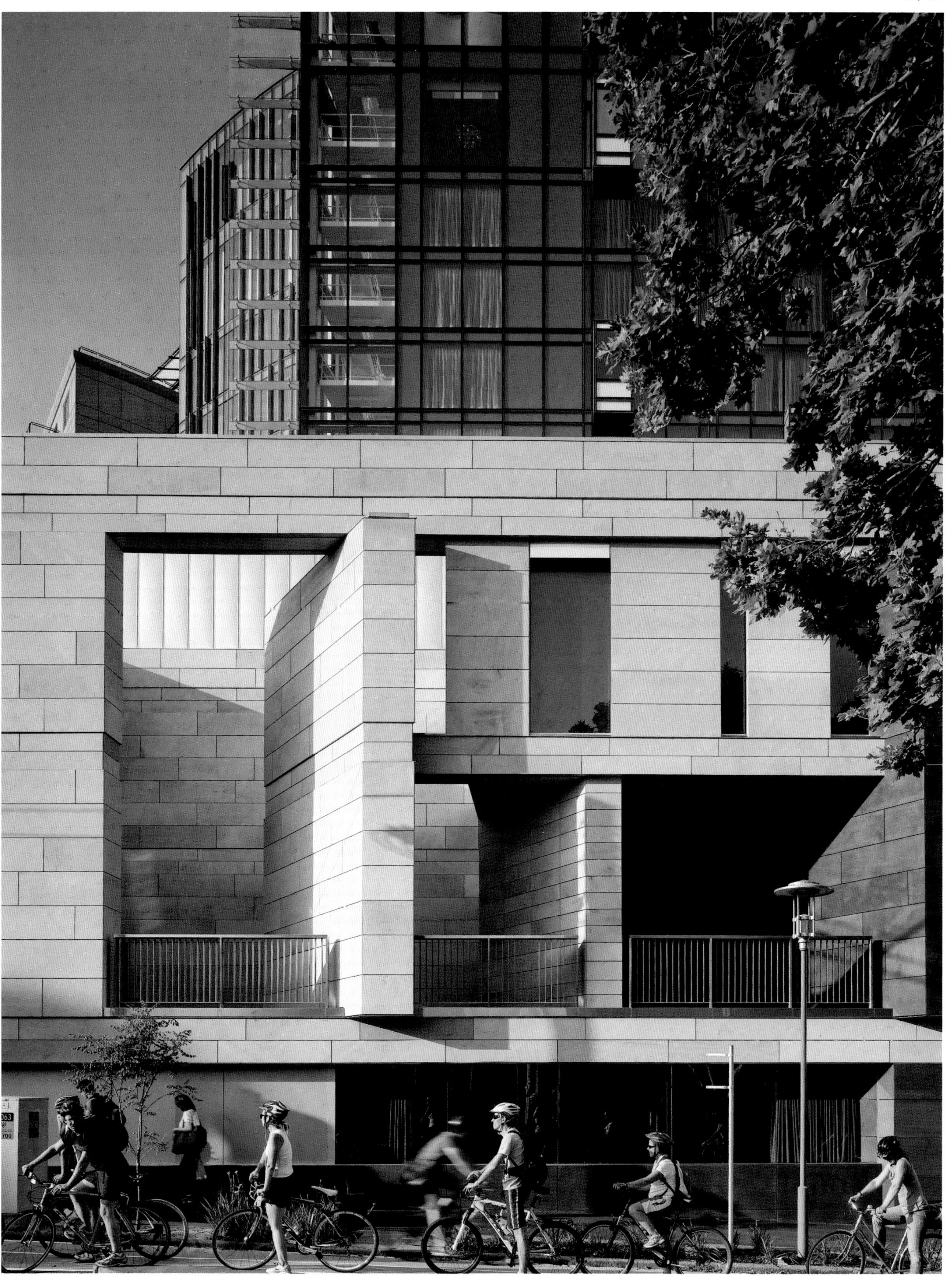

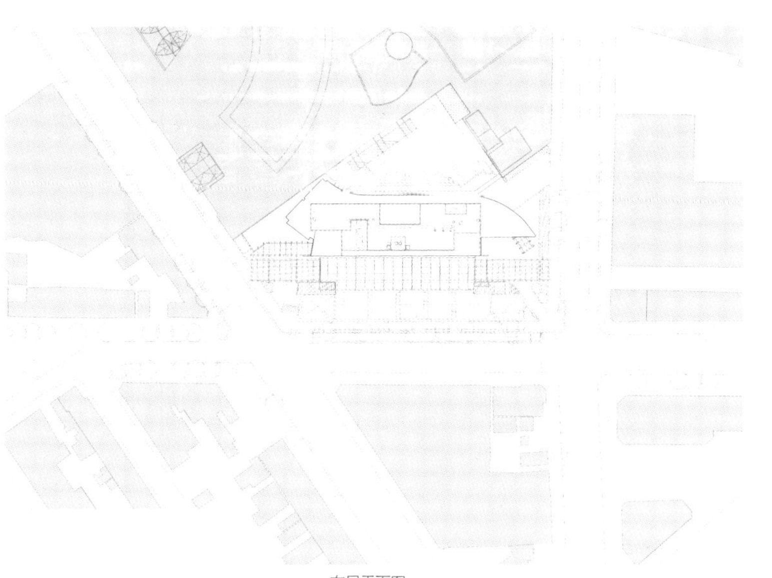

布局平面图

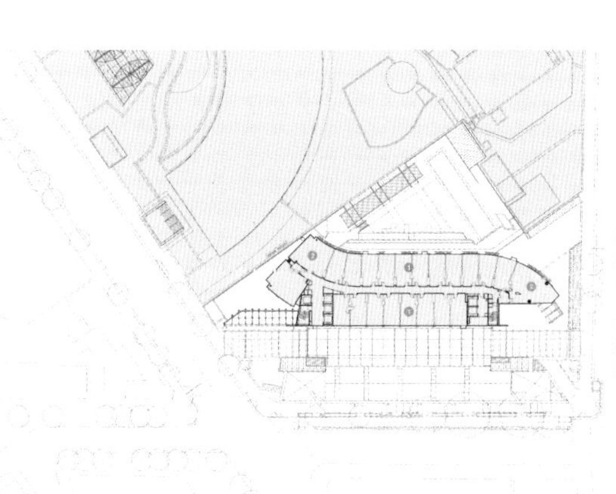

1. 酒店客房
2. 公寓

标准层平面图

酒店+办公室

设计单位：瓦伊罗与伊丽加莱建筑师事务所+艾古伊诺娃
项目时间：2006年
项目地点：维多利亚
项目面积：5 000平方米
摄 影 师：约瑟·曼纽尔·库提拉斯

地点

与许多位于“无人区”的同类型新建筑一样，该项目位于城市开发区的边界地带。这里是一个不属于任何周边三种城市区域的地块，如工业区、居住区和大规模购物中心重建区等。然而，该区域在上述三种城市区域之间实现了一种枢纽作用，所以该区域的存在是有一定道理的。

因此，该项目所在位置使其成为城市网络中的一种“开放”或者参考空间，或许因为它独特的地理位置会获得更多关注。这里的“景观”始终平淡无奇，工厂、仓库、兵营……

功能布局

立法规定了建筑的双重功能用途，即三分之二用于办公室，剩余三分之一用于酒店。项目初期将建造两个不同的建筑体块，两者之间通过商业空间相互连接。这种设计能够实现宽敞的公共空间，在建筑前方形成一个“广场”空间。

设计方案

该设计方案旨在打造一个16层楼高的立方体酒店建筑，建筑与街道平行，并且渗入城市空间当中，进一步突出了朝向街道的宽大入口。

建筑的几何造型在塔楼和立方体两个建筑之间形成一个狭长的商业空间，实现对彼此紧凑结构的功能补偿。两个建筑不但能够实现功能互补，在整个项目区域产生一种“城市感”，并且从建筑结构上成功实现一种“城市建筑”。

考虑到该项目位于十字路口，该设计方案提出了双重城市规模，即一个封闭式单层地标性建筑或参考案例。

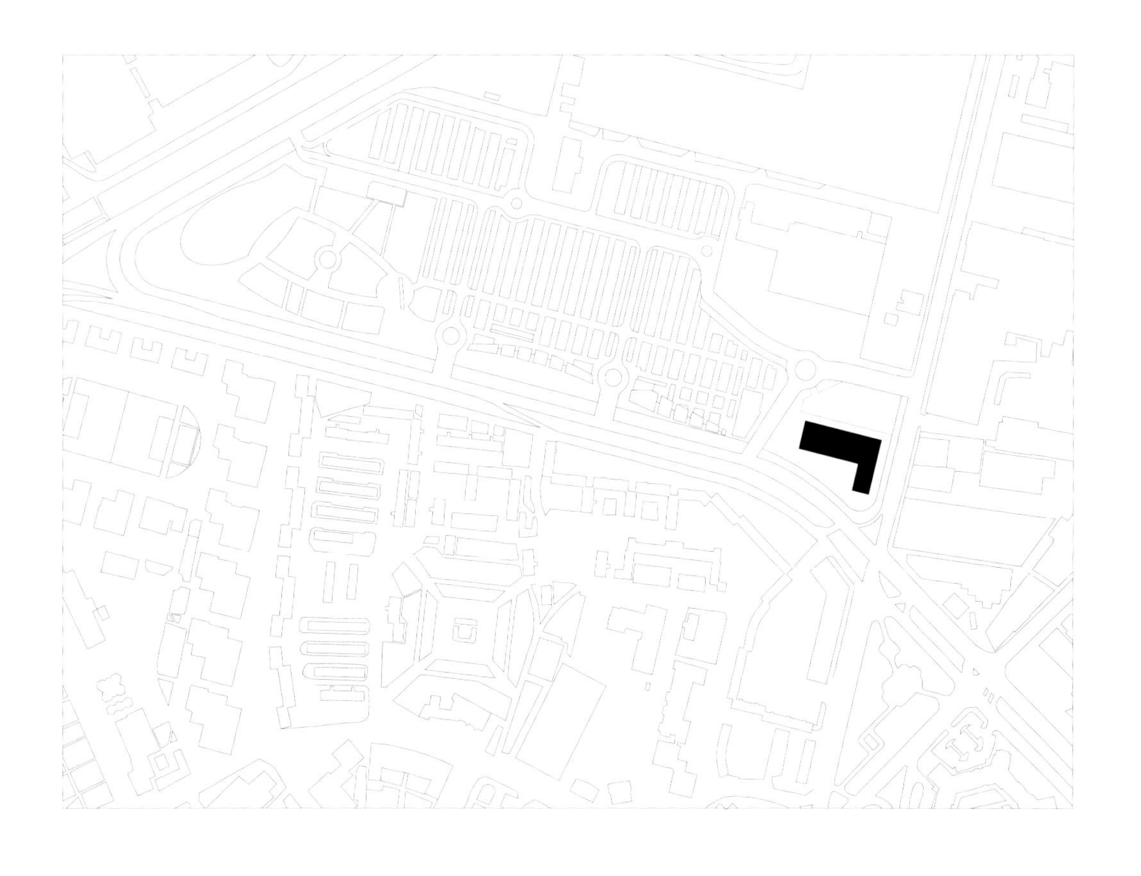

★★★★Hotel

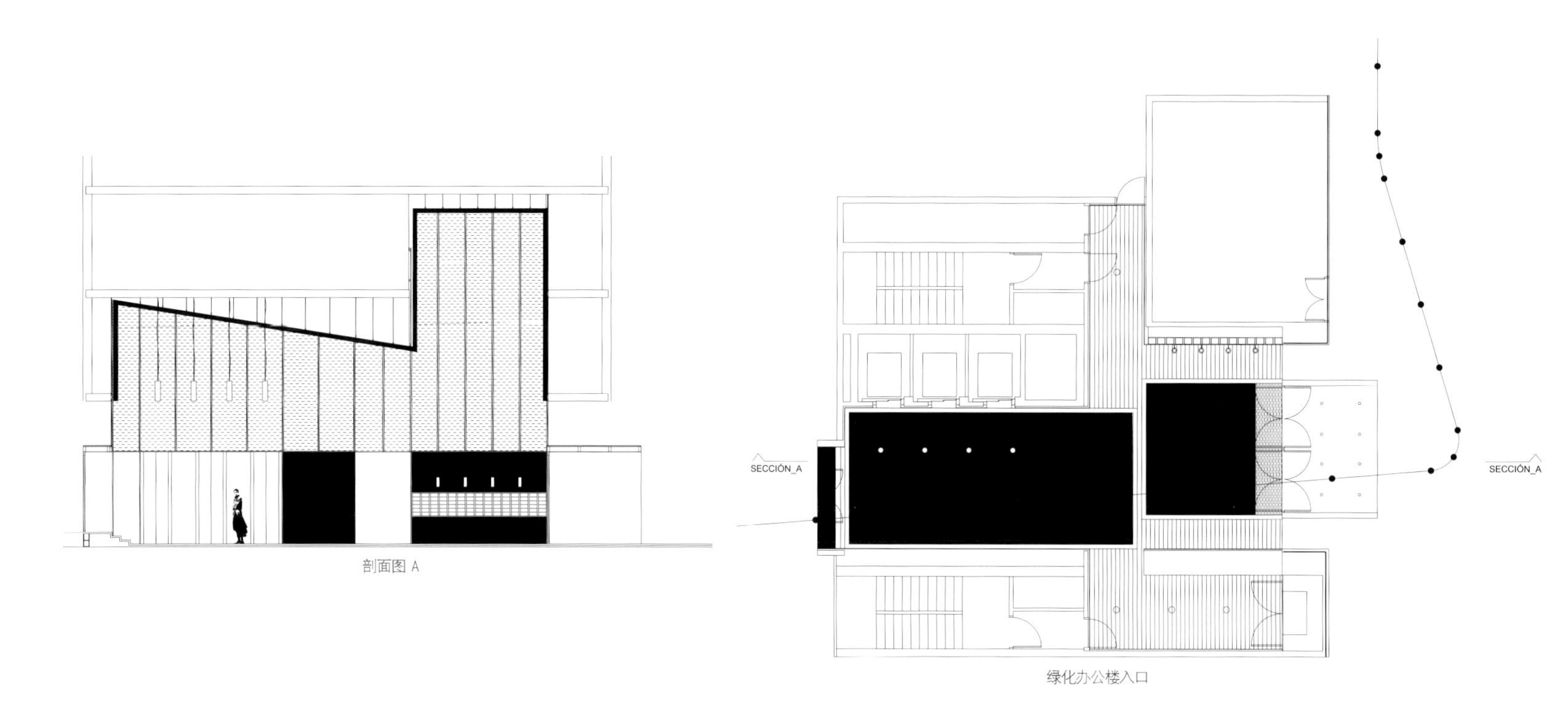

剖面图 A

绿化办公楼入口

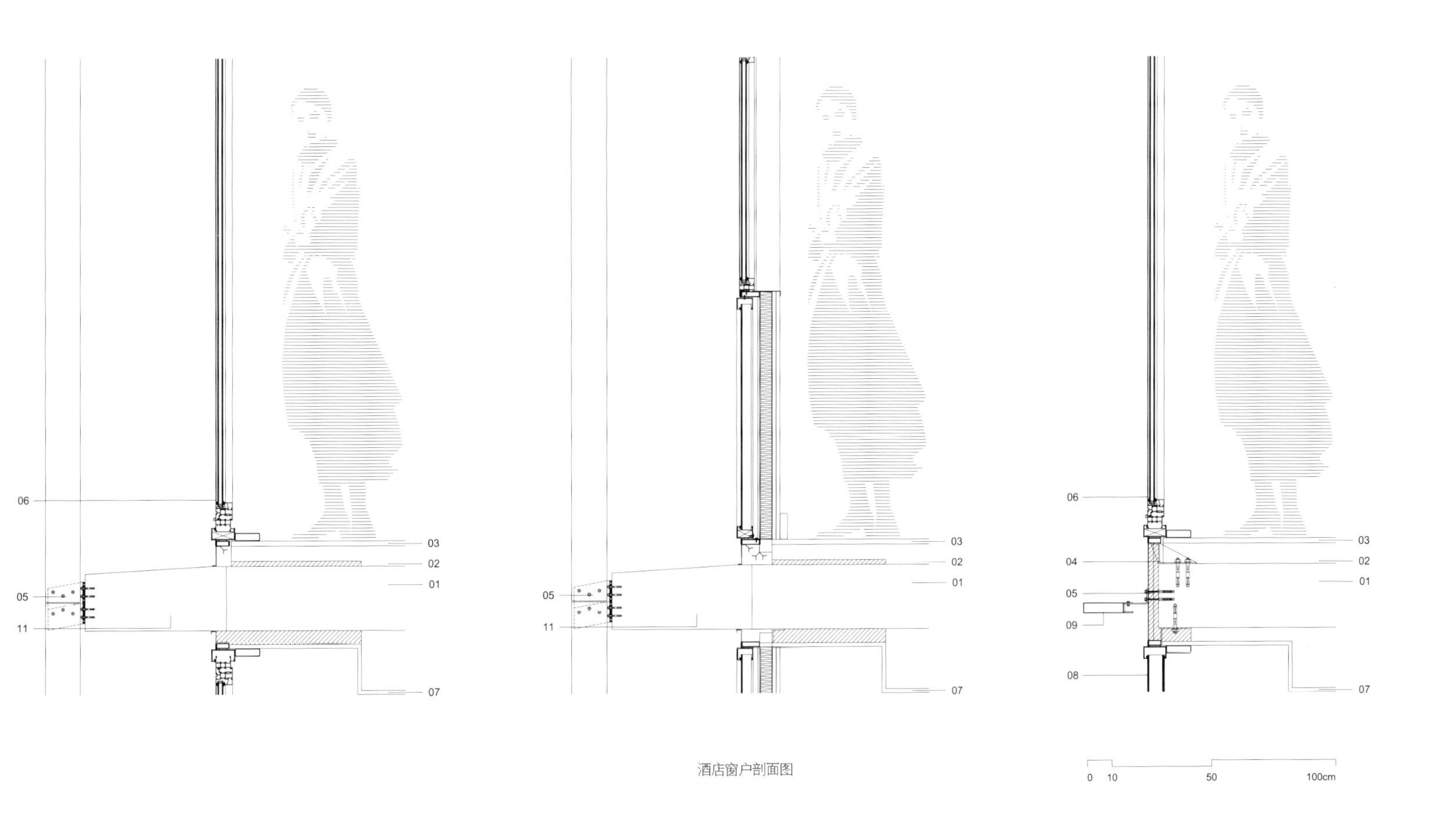
06
05
11
03
02
01
07
05
11
03
02
01
07
06
04
05
09
08
03
02
01
07
0
10
50
100cm

酒店窗户剖面图

el Boulev
boulevard

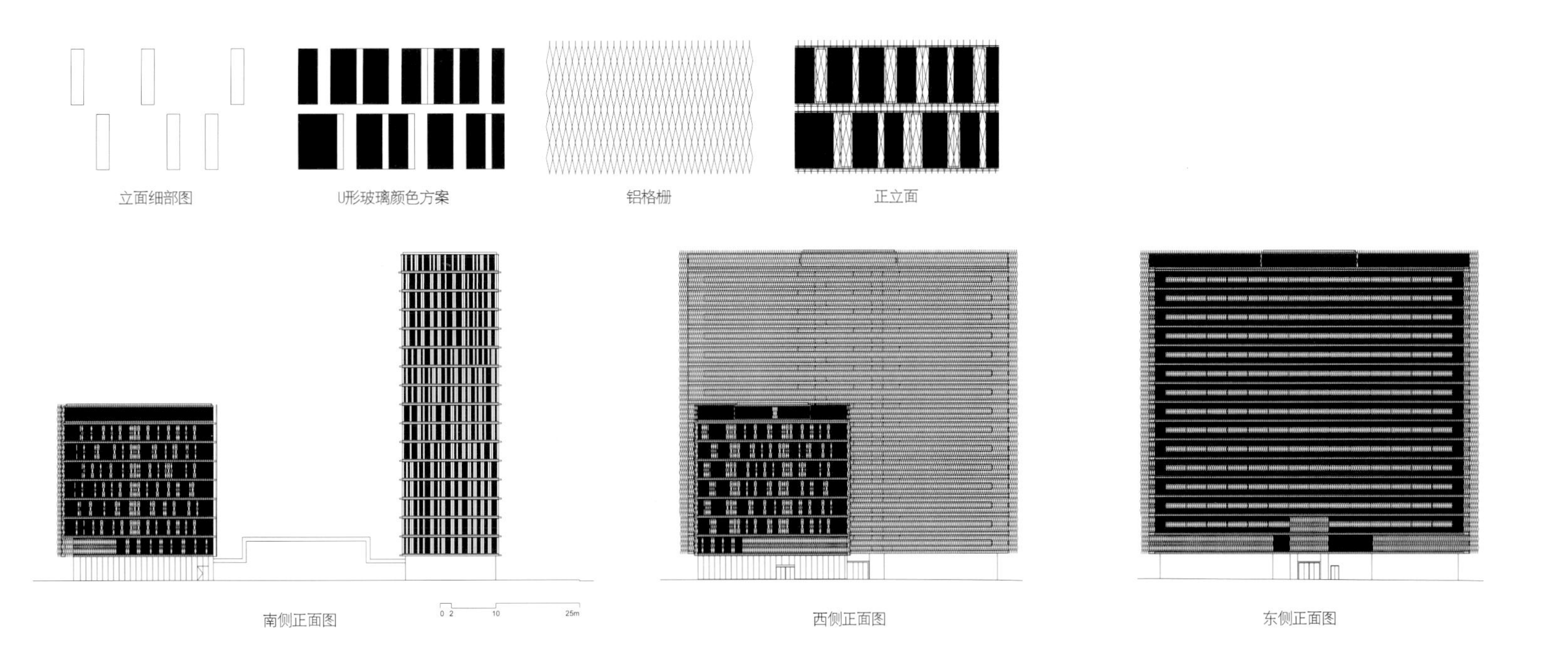
立面细部图
U形玻璃颜色方案
铝格栅
正立面
南侧正面图
0 2 10 25m
西侧正面图
东侧正面图

底层平面图与城市规划图

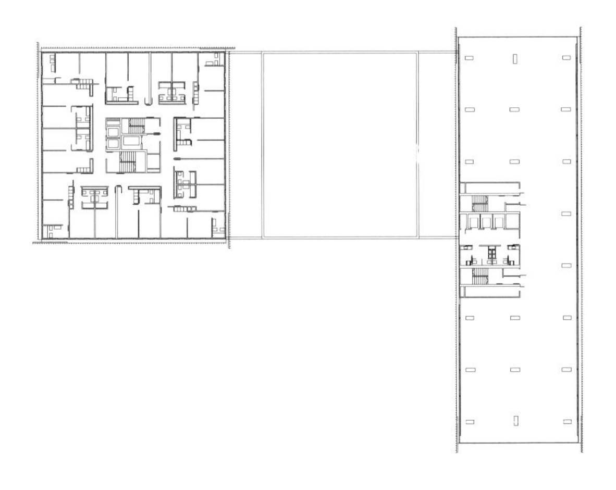

植被类型

ZIGOR

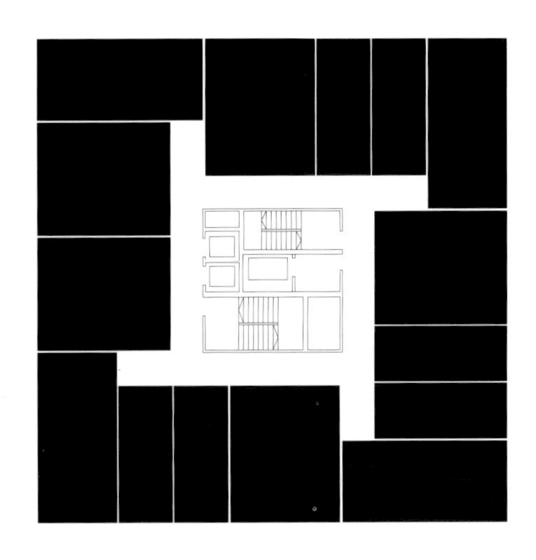

植被类型组织图

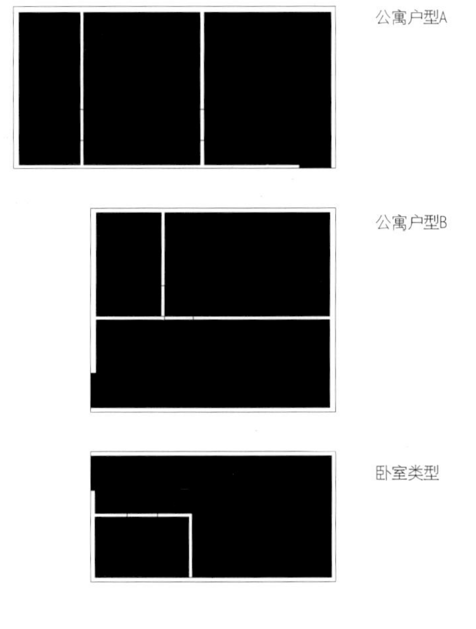

模块类型

boulevard

亚洲迪万酒店

设计单位：奥梅勒·米马里克建筑事务所
项目时间：2009年
项目地点：伊斯坦布尔彭迪克商务区
项目面积：60 000平方米
摄 影 师：古纳伊·库尔达克

伊斯坦布尔亚洲迪万酒店是彭迪克商务区内最激动人心的新地产项目之一，这个25层的城市商务酒店于2009年11月正式营业。

酒店共有230间客房和套房，不但为顾客提供顶级舒适的居住环境，而且还充分考虑了商务旅行人士的独特需求。亚洲迪万酒店是伊斯坦布尔市规模最大、商务配套功能最好的一家高级酒店，有效推动了该市靠近亚洲一侧区域经济的飞速发展。

该酒店不但可以为顾客提供通往伊斯坦布尔萨比哈-哥克赛恩国际机场最便捷的交通，而且毗邻多个大型企业总部、工业区以及其他主要商务场所，拥有良好的商务环境。

伊斯坦布尔亚洲迪万酒店可以为顾客提供顶级高科技住宿服务，还提供2个高档餐厅、3个酒吧以及9个会议室等。此外，该酒店还包括一个765平方米、能够容纳1 000人的无柱舞厅和一个豪华温泉健身中心，让忙碌一天的顾客能够享受彻底的放松。

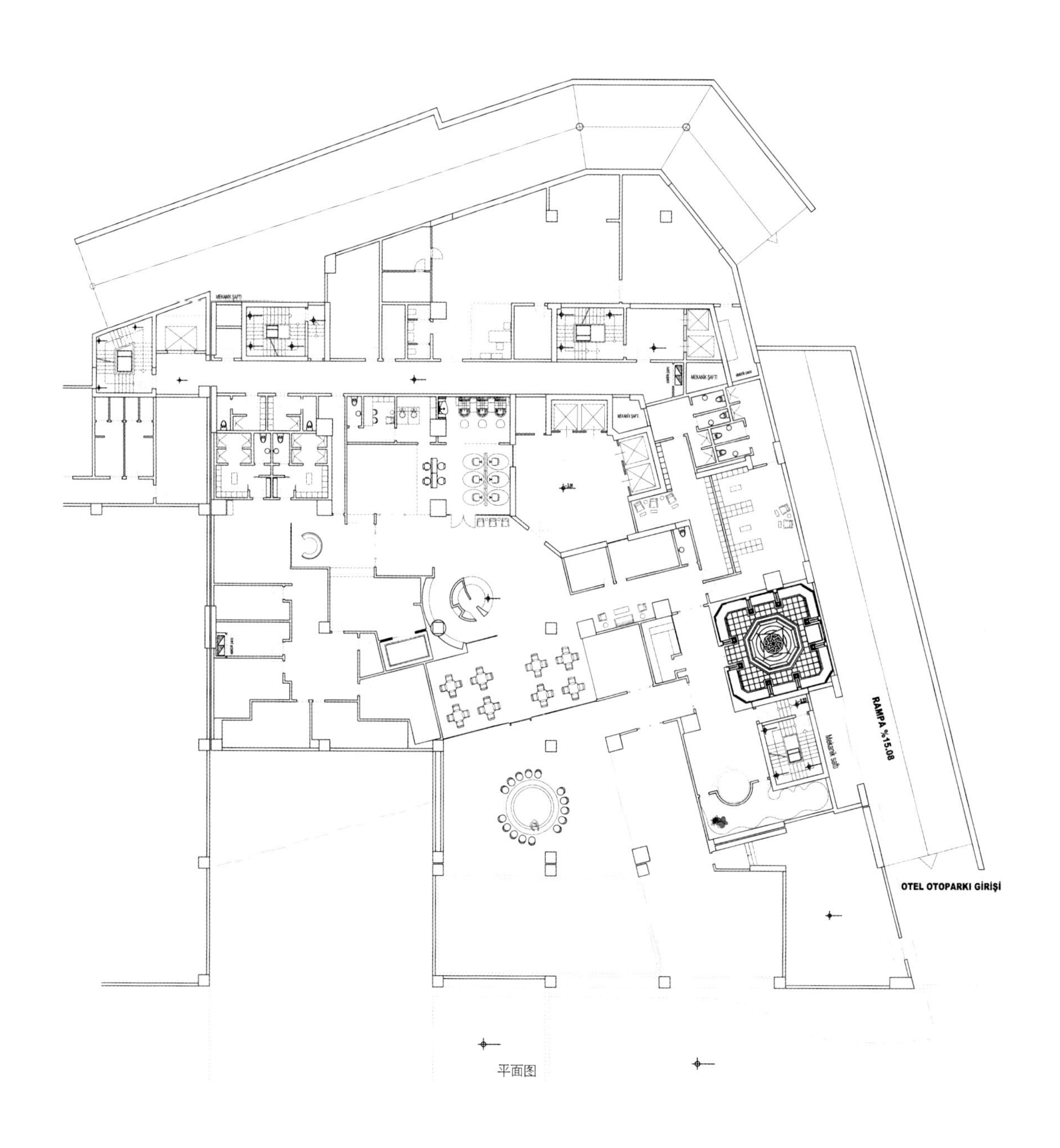

平面图

divan

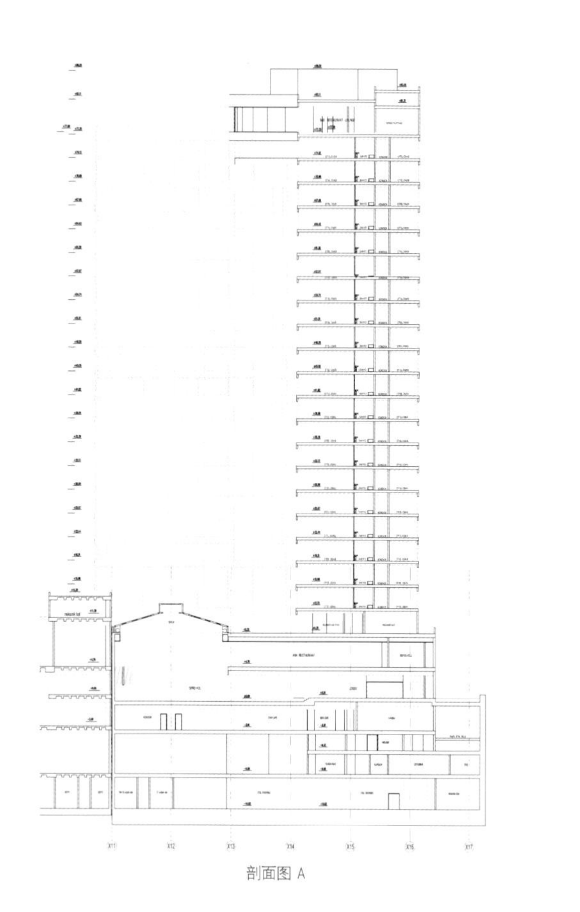
剖面图 A

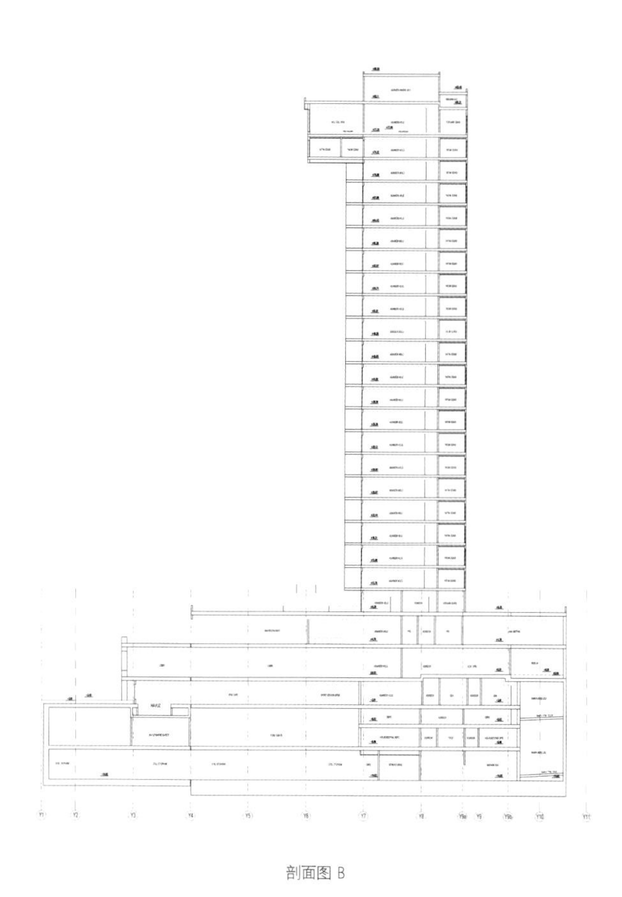
剖面图 B

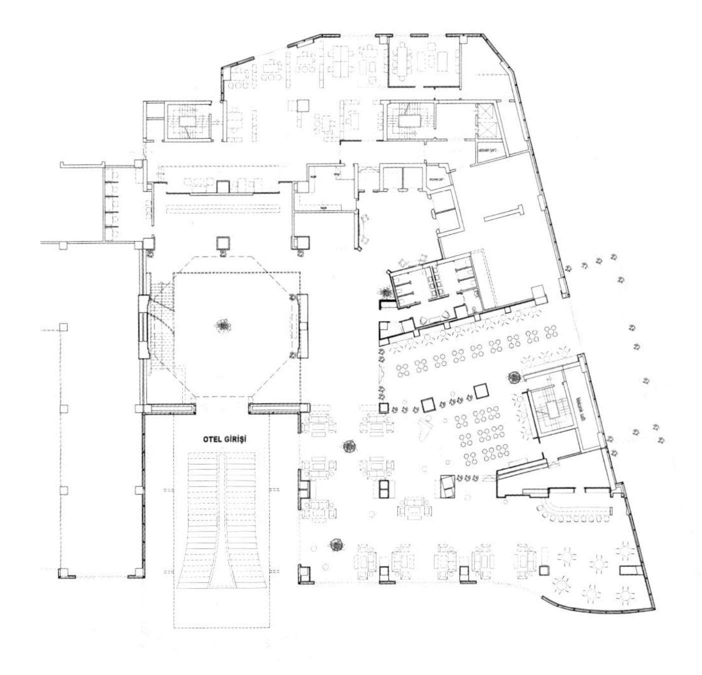

地面层平面图

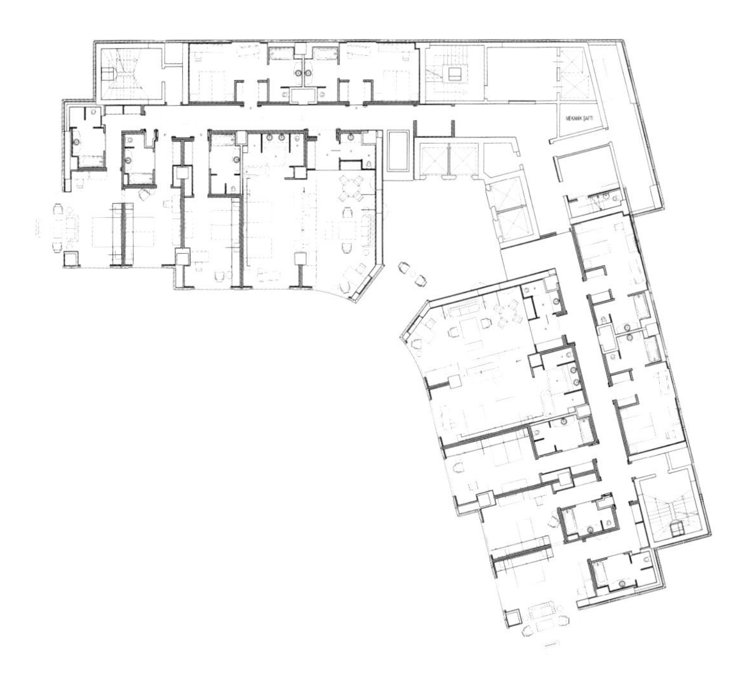
卧室平面图

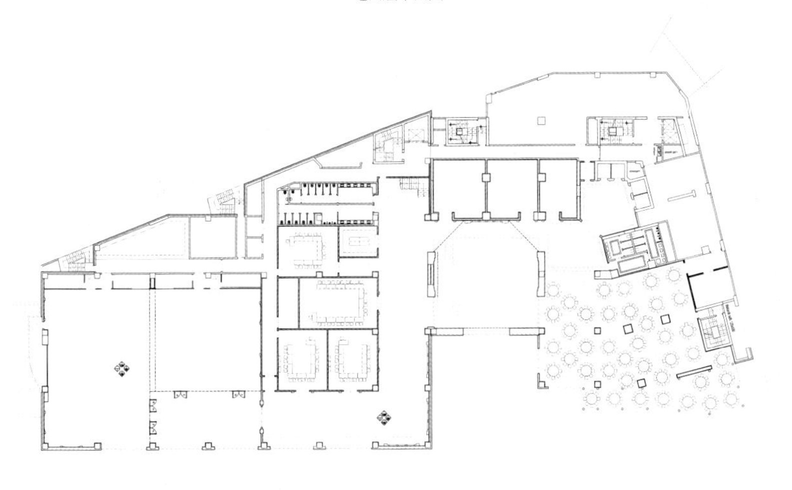
会议室平面图

曼谷丽特酒店

设计单位：VaSLab建筑事务所
项目时间：2011年
项目地点：泰国曼谷
占地面积：1 600 平方米
建筑面积：7 000 平方米
摄　　影：Spaceshift工作室

陌生、不适应或者被孤立等感觉是一个人离开家乡之后的感觉， 因为所到之处不再是曾经熟悉的地方，而且生活环境也与以往不同。尤其是在满是高楼大厦的城市中，面对不同的民族文化或者建筑风格等，这种感觉就会异常强烈。

曼谷丽特酒店位于一个充满多样化和空间矛盾的复杂区域，距轻轨车站200米，距离美术馆和购物中心仅一个街区之隔。场地四周拥有许多商店、背包客常常光顾的酒店，也不乏街头小贩。该项目由VaSLab建筑事务所设计完成，试图打造一个独特的建筑空间，使其既能够吸引行人，又能够将自身与外部喧嚣的环境相互隔离，使内部空间充满温暖与舒适。酒店呈L形布局，共79间客房，设有泳池、温泉、健身房、蒸汽房、餐厅、酒吧以及设备房等设施，此外还拥有两层绿化空间，为行人提供了极具吸引力的视觉景观。底层入口将人们引至酒店的服务台，可以看到内部下沉式庭院，并且与通高的玻璃大厅拥有视觉联系。庭院四周设有健身房、蒸汽房和温泉等服务设施，其中温泉位于升起的泳池下方。正面的绿化台阶将用户带到拥有室外餐饮空间的广场层，然后通过一个雕塑式桥梁进入室内餐厅。

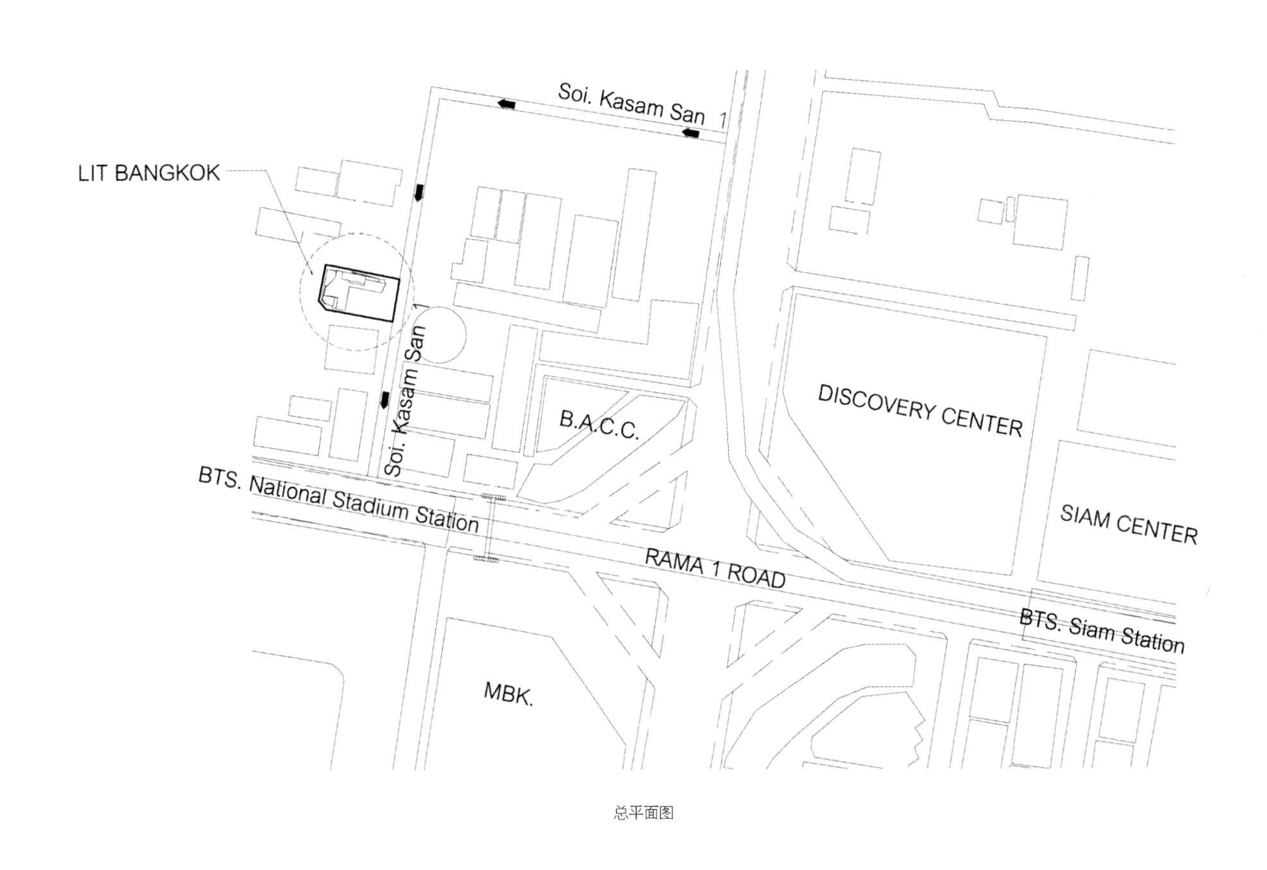

Soi. Kasam San 1
LIT BANGKOK
Soi. Kasam San 1
B.A.C.C.
DISCOVERY CENTER
BTS. National Stadium Station
SIAM CENTER
RAMA 1 ROAD
BTS. Siam Station
MBK.

总平面图

LIT

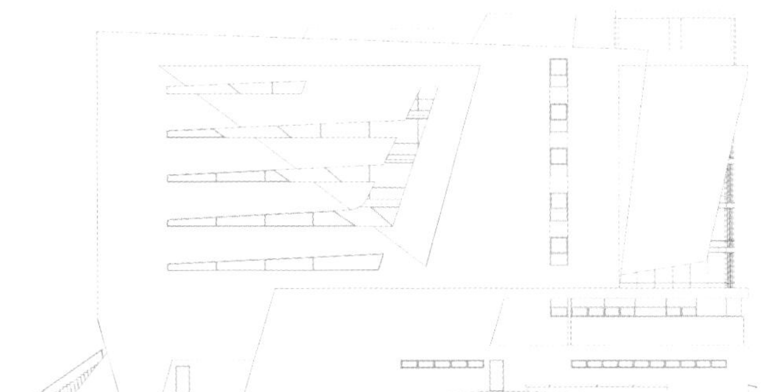

立面图 1

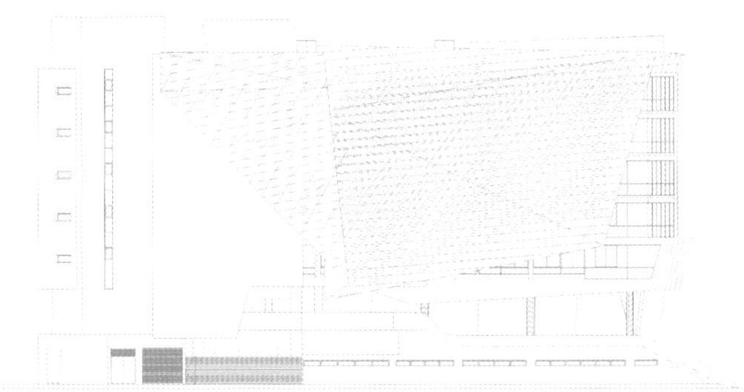

立面图 2

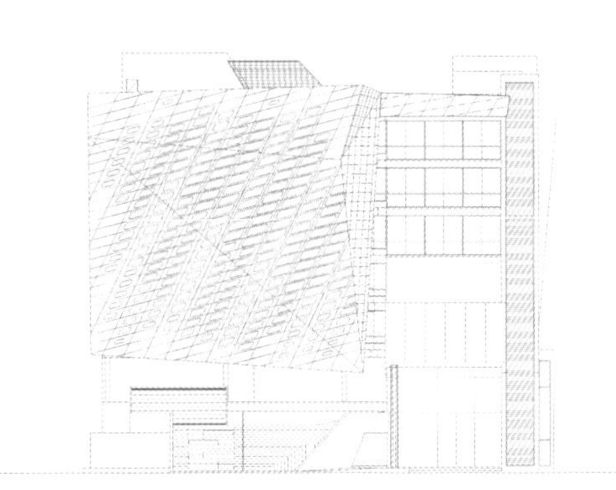

立面图 3

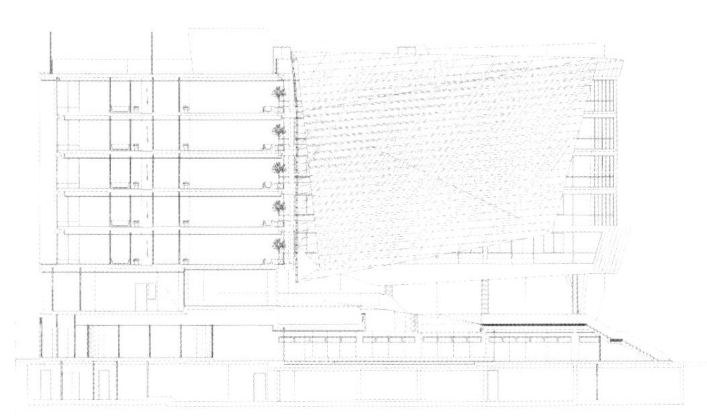

剖面图

↑ fiesta steppe
← car park

COSY
LUNCH

一层平面图

二层平面图

威尔酒店

设计单位：MVA建筑师事务所
建 筑 师：马林·米克利奇、托米斯拉夫·沃勒
项目时间：2012年
项目地点：克罗地亚
项目面积：12 250平方米
摄 影 师：伊万·多罗迪克

该项目是对具有会议和健身设施的酒店进行的扩建项目。需要扩建的酒店建筑是图赫耶温泉酒店综合体建筑的一部分，与历史公园保护区和巴洛克式建筑“米哈诺维克”相邻。

该项目的出发点是把所有现有设施和新建设施相互连接起来，并将它们整合成一个新整体。

对于现有类似展馆一样的建筑，设计师开发了一种“分离式”酒店概念，即在酒店内部为顾客提供与自然接触的机会。

酒店新建部分非常明显地沿垂直方向被分割成不同功能区域（公共空间与客房）。126间客房分布在三个较小的建筑中（沿三个现有建筑排列布局），“公共”设施全部设置在被拉长的底层空间。底层空间与一部分现有“公共”空间相互融合，并且将所有新旧客房建筑相互连接在一起。

这种布局可以为建筑提供良好的采光效果，即使在会议大厅也能看到萨科尔基市的优美景观。客房住宿设施分配到三个建筑当中，这种设计使所有顾客都能欣赏到优美的环境景观。

根据地形特征，在中央区域设计了一个露天广场，在会议中心、酒店大厅以及背景中的巴洛克法庭之间实现了视觉与空间交流。这个空间除了为酒店和会议中心增加一些功能价值之外，还可以用来举办各种活动，丰富当地社区的社会生活。

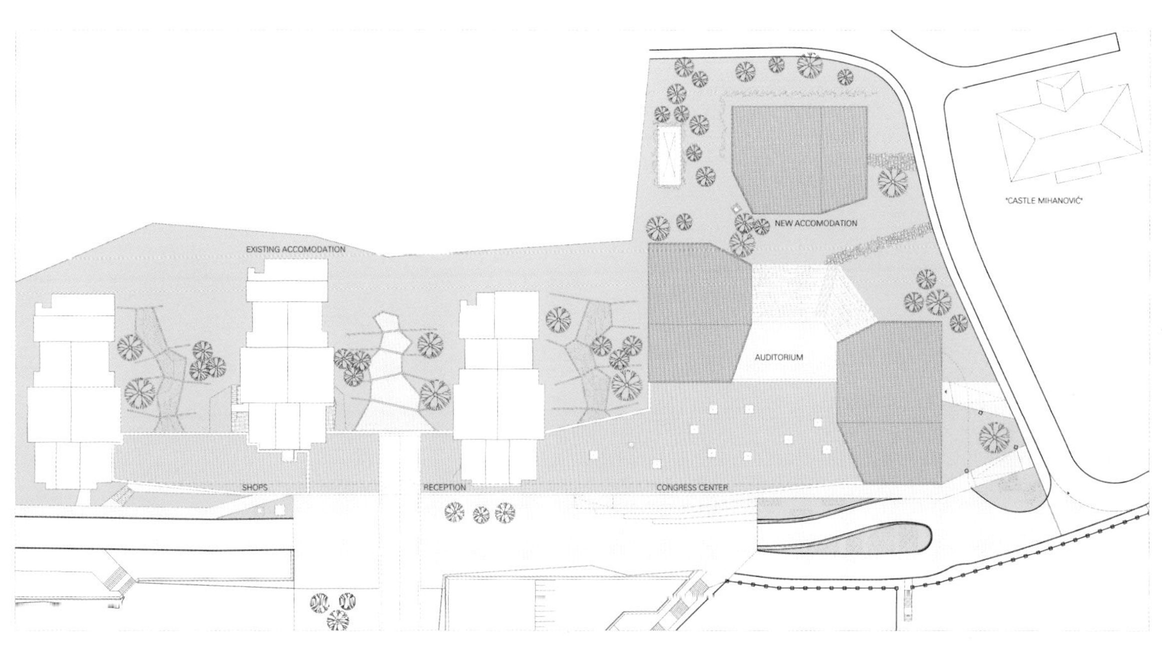
EXISTING ACCOMODATION
NEW ACCOMODATION
"CASTLE MIHANOVIĆ"
AUDITORIUM
SHOPS
RECEPTION
CONGRESS CENTER

总平面图

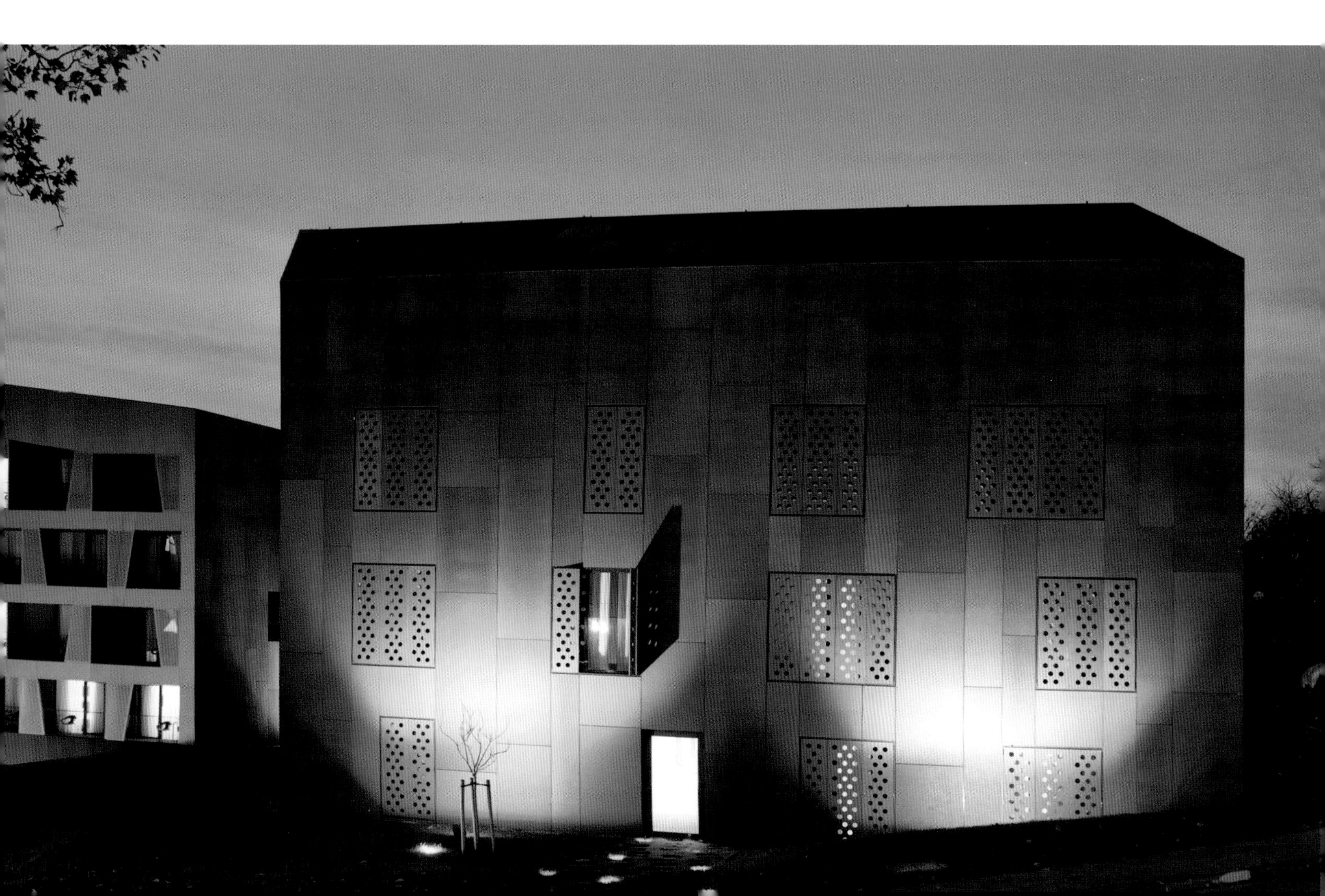

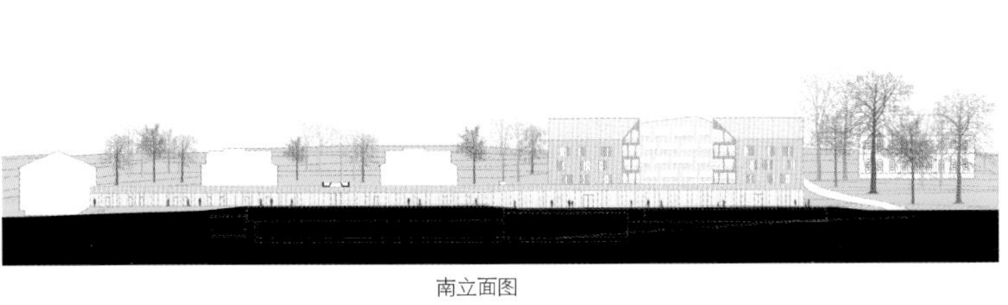
南立面图

西立面图

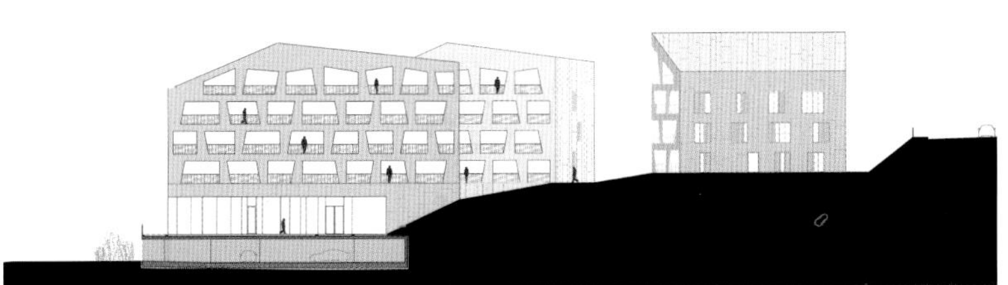
东立面图

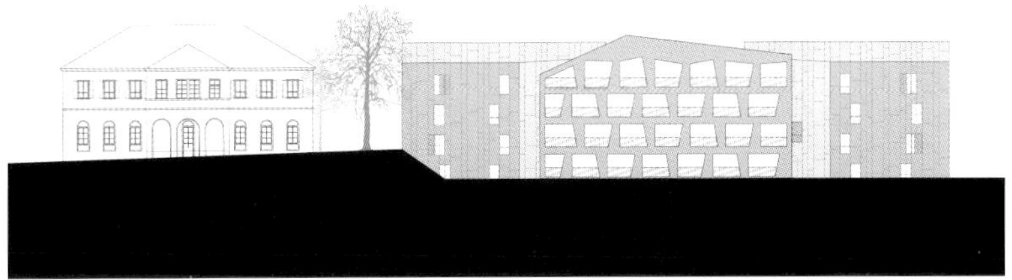
北立面图

TERME TUHELJ

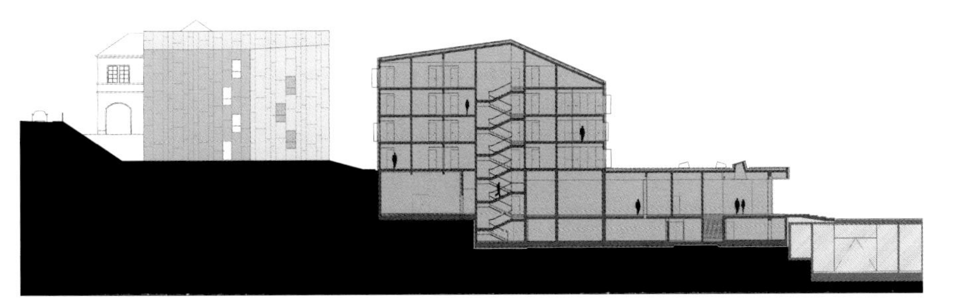

剖面图 1

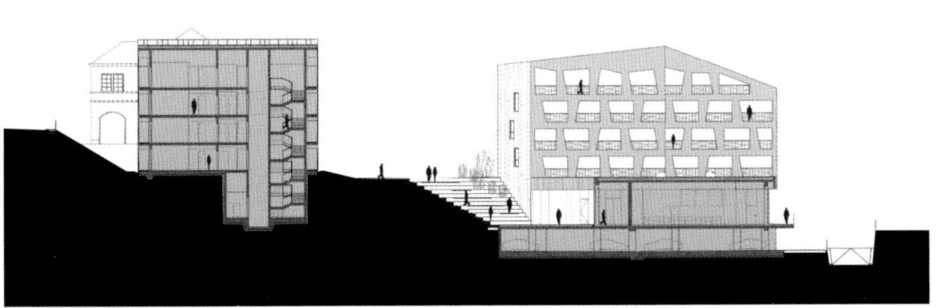

剖面图 2

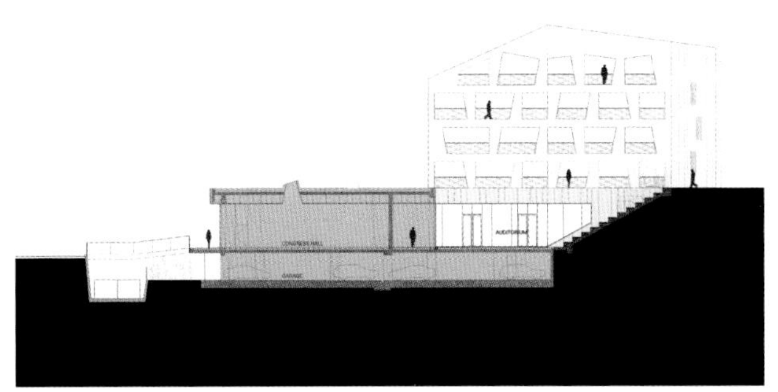

剖面图 3

CASTLE MIHANOVIC
AMPHITHEATRE
PARK

平面图

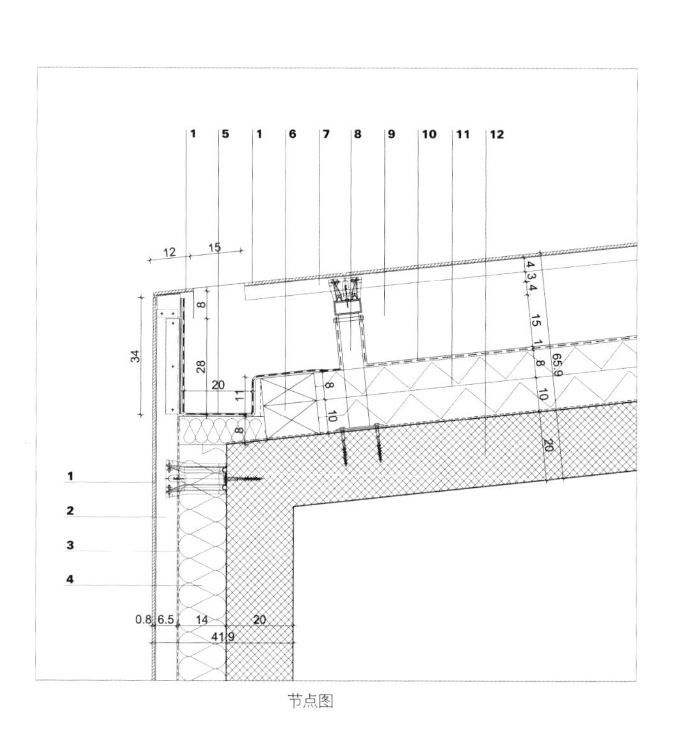
1 5 1 6 7 8 9 10 11 12
12 15
34
8
28
20
1
2
3
4
0.8 6.5 14 20
41.9
65.9
30

节点图

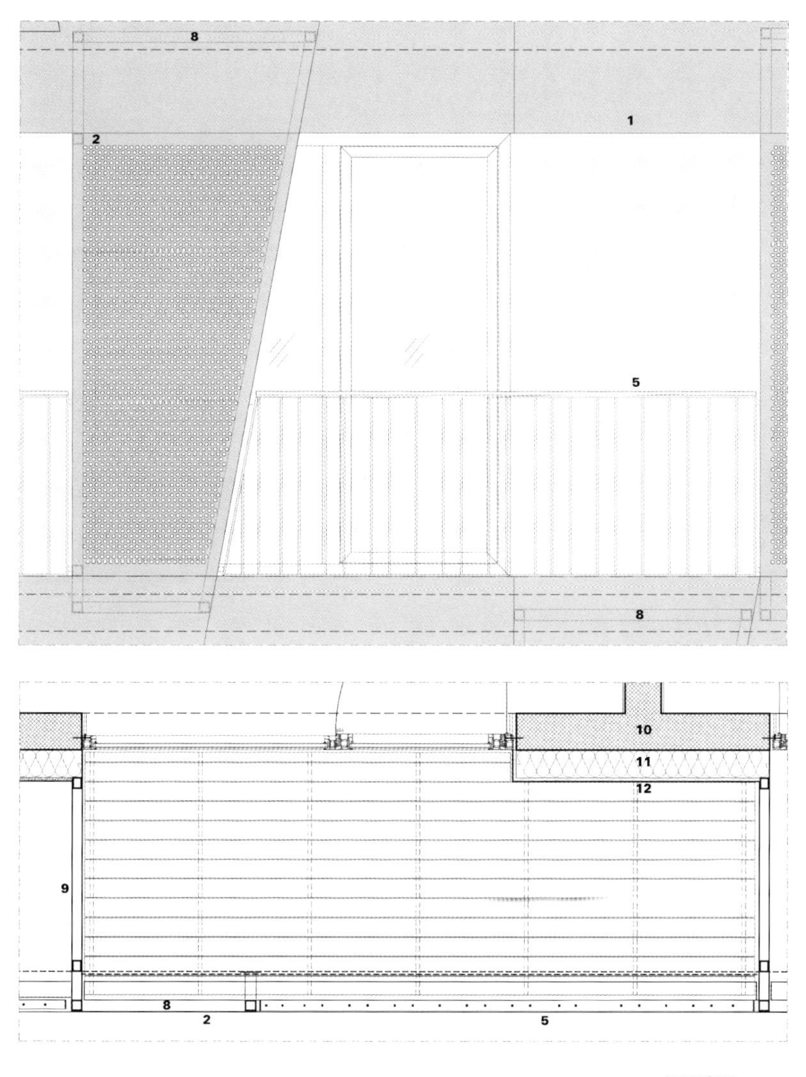

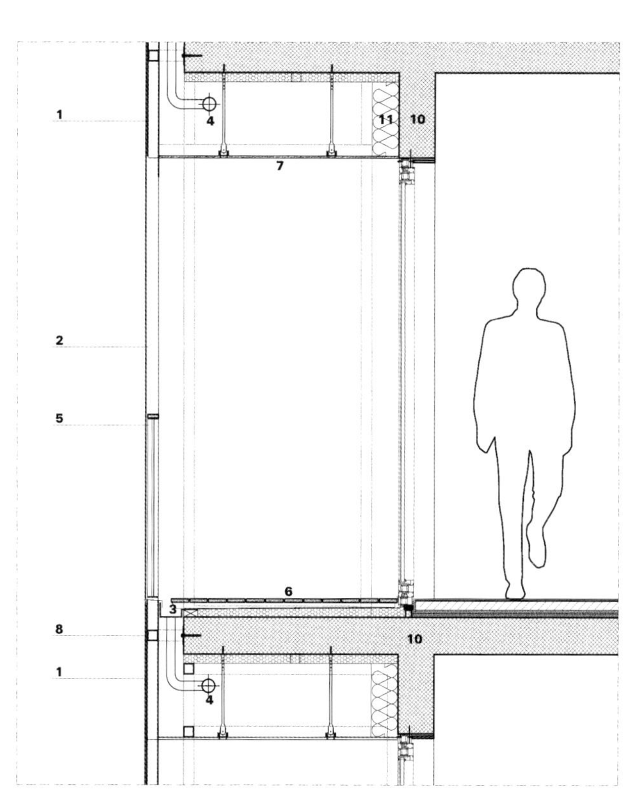

立面细部图

1. 立面——3 mm铝复合板
2. 半透明遮阳板——3 mm穿孔铝复合板
3. 沟槽
4. 排水管道
5. 栏杆——钢框架60/10 mm、垂直钢轮廓10/10 mm、木制扶手60/20 mm
6. 依贝紫檀木板——100/20 mm
7. 室外水泥板12.5 mm
8. 钢框架60/60 mm
9. 隔断钢框架50/60 mm，双面铺3 mm铝复合板
10. 混凝土墙200 mm
11. 挤塑聚苯板保温板150 mm
12. 矿物砂浆20 mm

Reception

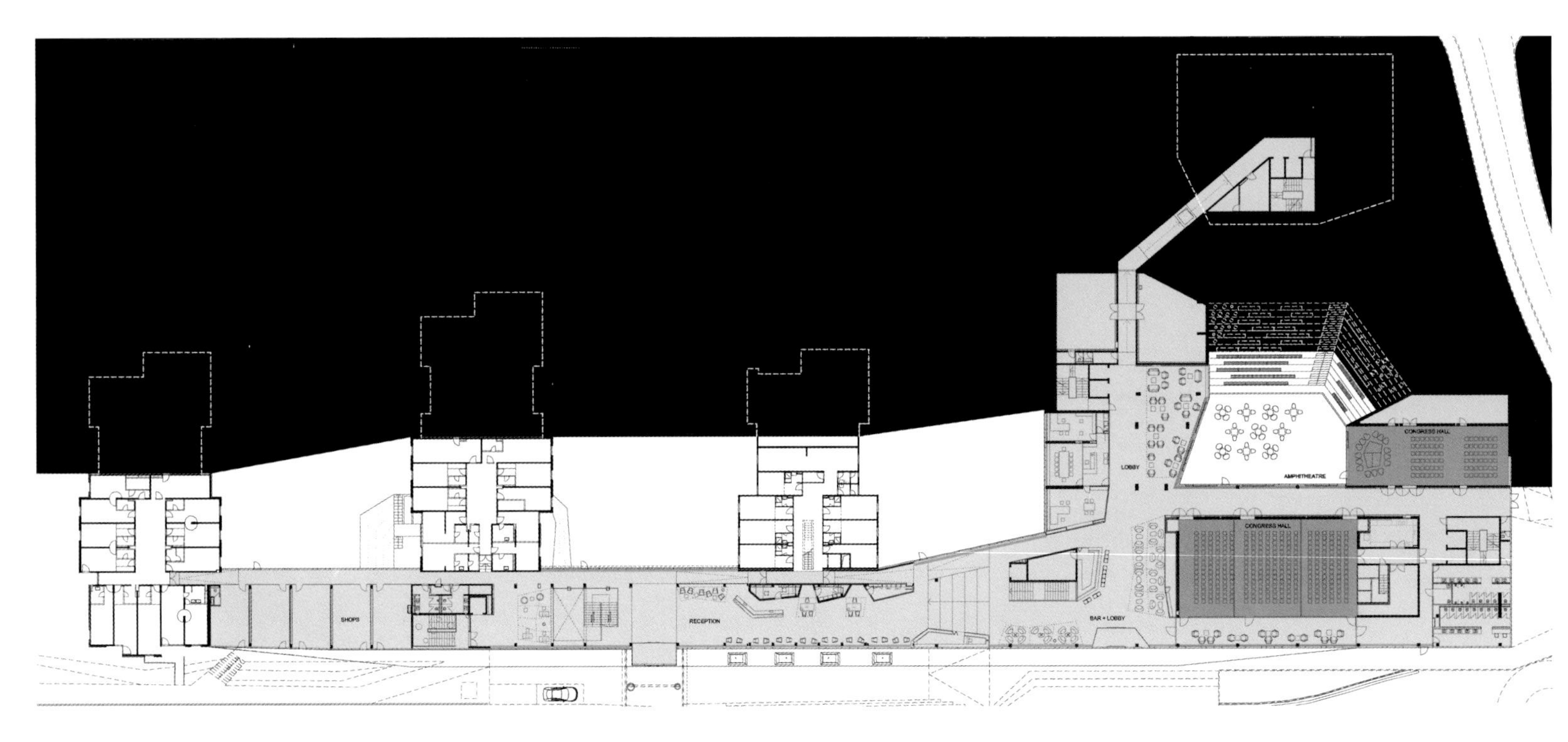
SHOPS
RECEPTION
BAR + LOBBY
LOBBY
AMPHITHEATRE
CONGRESS HALL
CONGRESS HALL

地面层平面图

卡伦酒店

设计单位：杰克逊·克莱蒙·布罗斯建筑师事务所
项目时间：2009年
项目地点：澳大利亚维多利亚省普拉汉
项目面积：1 200平方米
摄 影 师：约翰·格林斯

杰克逊·克莱蒙·布罗斯（JCB）建筑师事务所受托为亚洲太平洋集团设计一个新的精品酒店，包括零售空间、餐厅、酒吧、咖啡厅等功能以及带有退台式屋顶健身房和游泳池的五层酒店。

该建筑方案的一个重要思想是实现沿格拉顿花园展开的格雷维尔街与商业街之间的连接。主要通过以下两个方面来实现这一目标：首先，建筑主体从格雷维尔街后退4.5~6.0米，沿街形成一个活跃的公共开放空间，同时形成一条直通公园的视觉通道；其次，将悬臂结构作为格拉顿大街上的景观雕塑，进一步加强这一设计概念。从设计理念上讲，这种设计思想可以将远处的花园（格拉顿花园）景观引入这些鲜绿色镀锌悬臂结构中。从内部空间来看，这些箱体由绿荫装饰，有效加强了从格雷维尔街到商业街之间的景观连续性。在朝向商业街的立面上，这种设计思想被倒置过来，形成多个随机布局的景观"口袋"。对阳台和窗户的尺寸和深度进行有效控制，成功减小了建筑体量，与周边的建筑和景观元素相匹配。

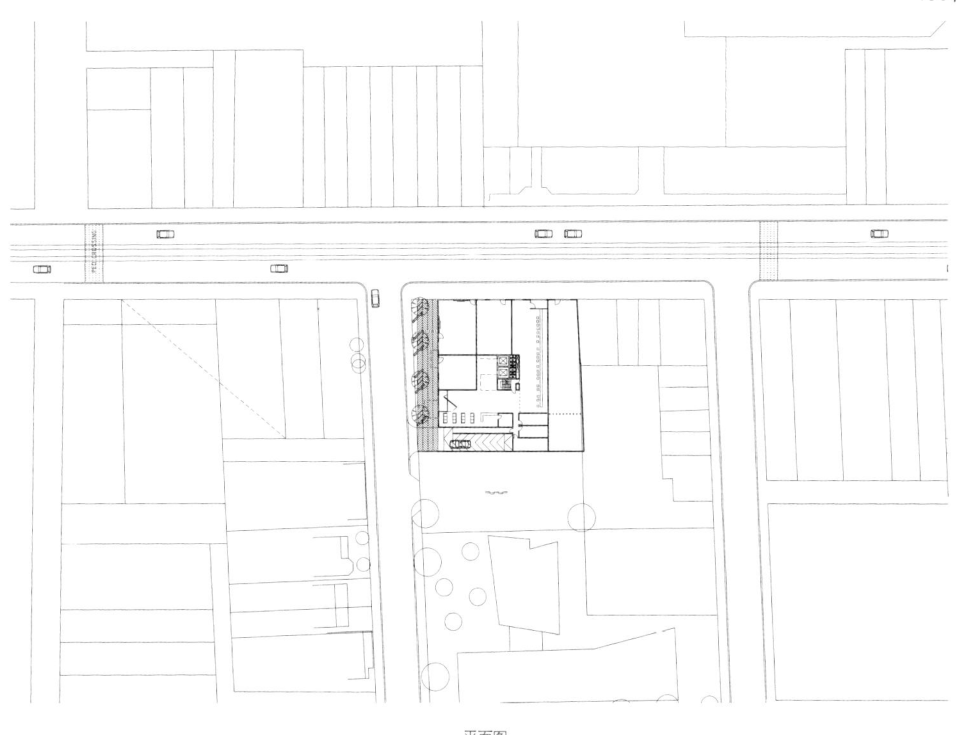

平面图

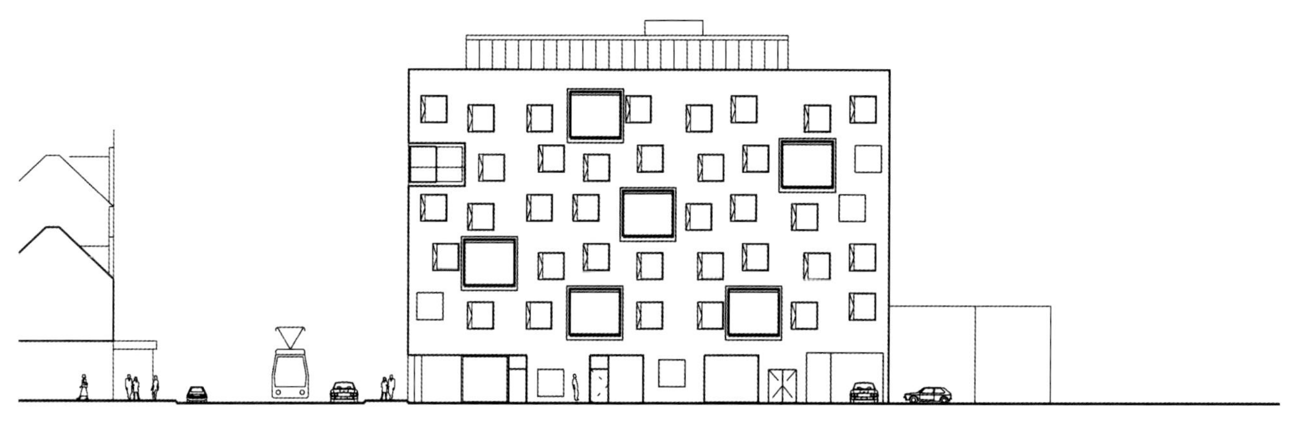

立面图 1

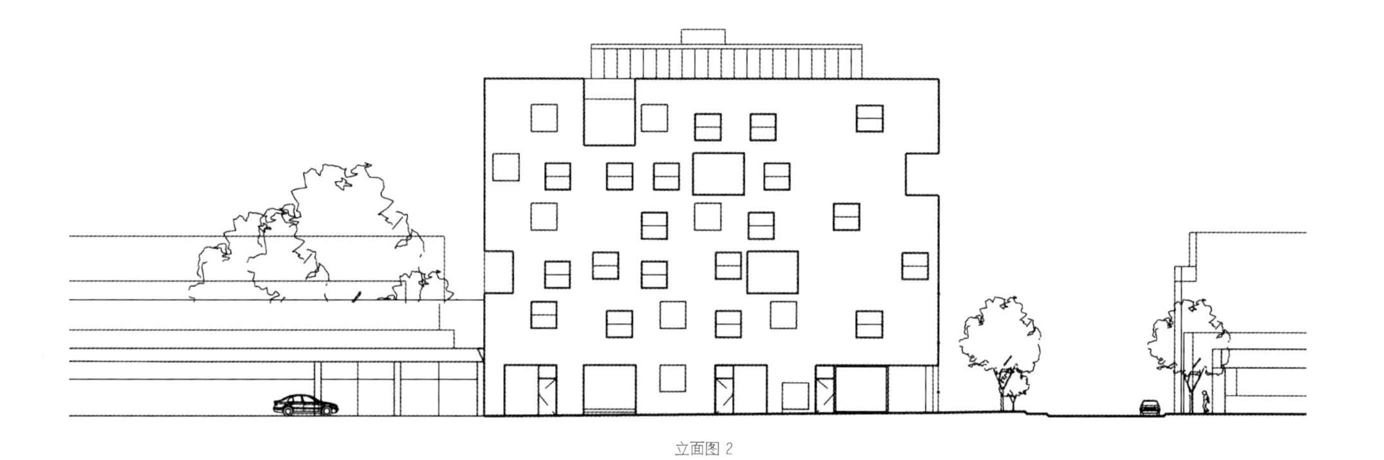

立面图 2

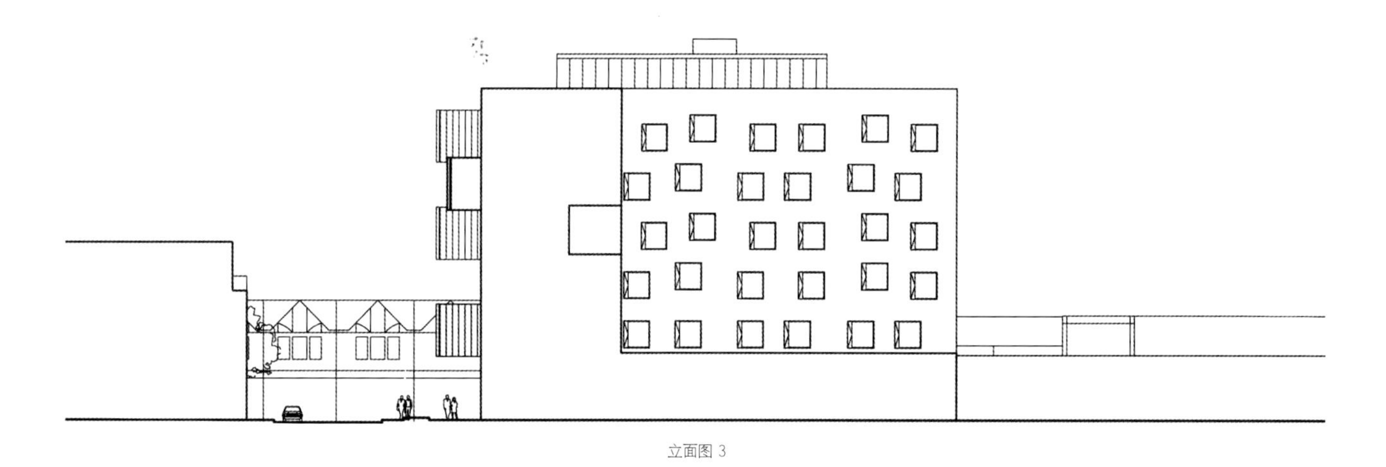

立面图 3

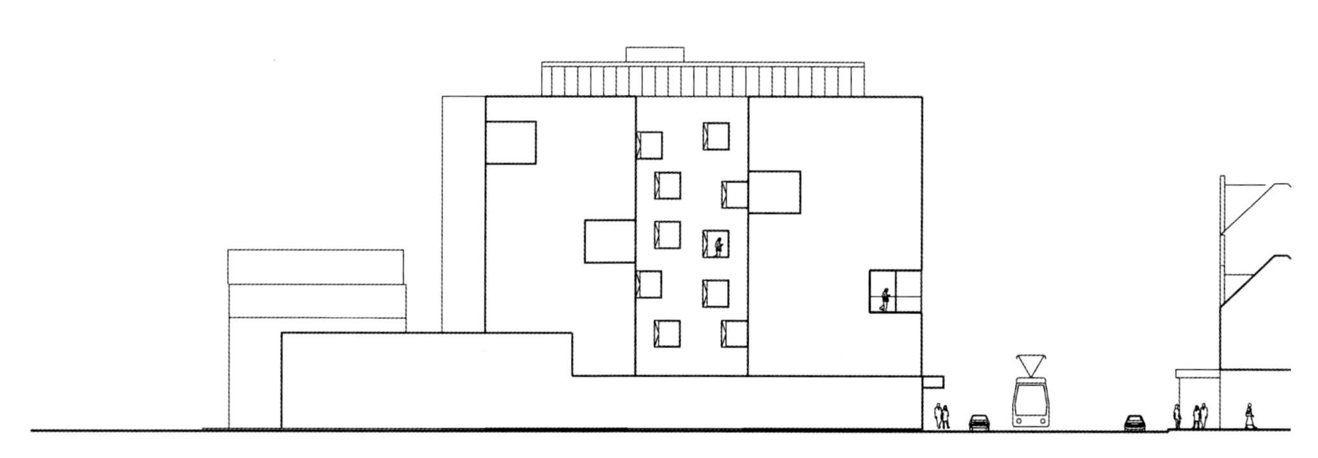

立面图 4

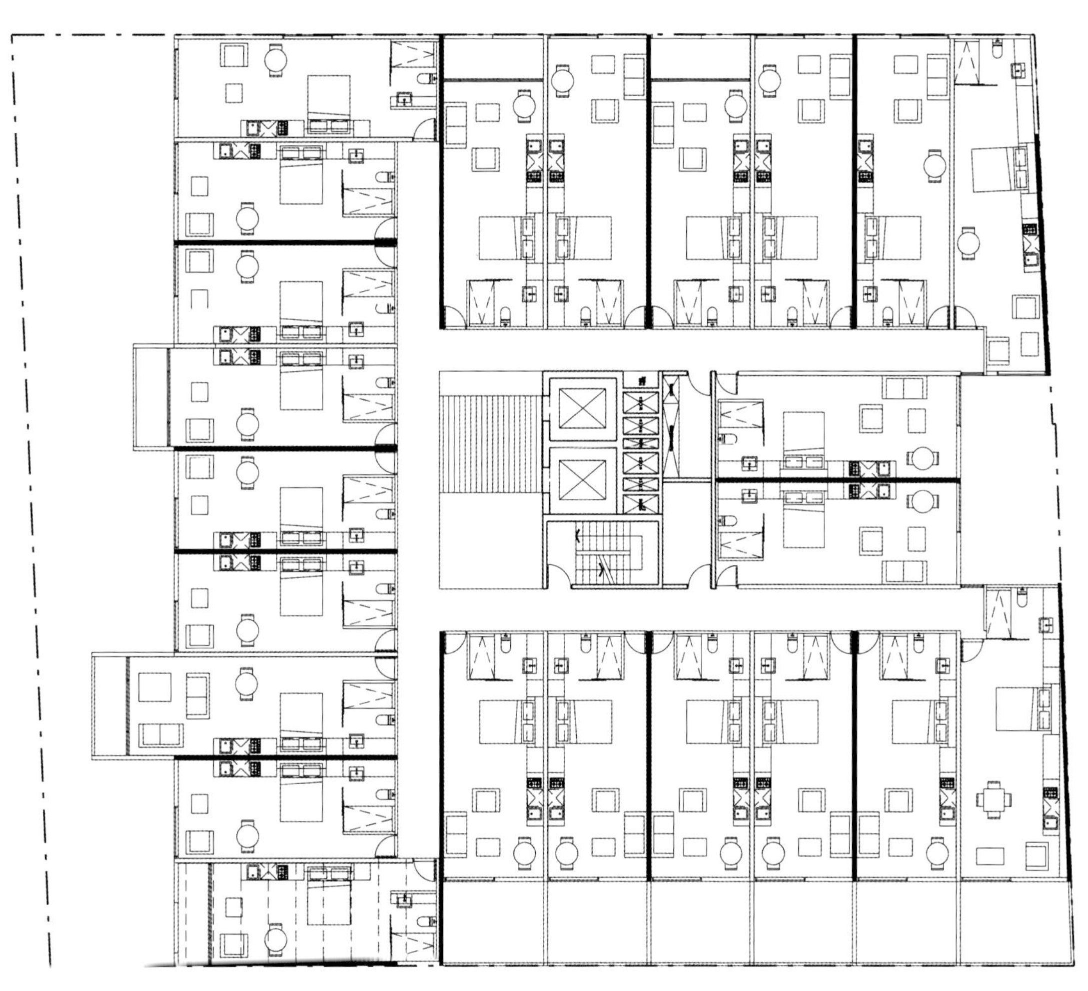

标准层平面图

西班牙酒店

设计公司：冈萨洛・马尔多内斯・维维安尼建筑师事务所
项目时间：2012年
项目地点：智利圣地亚哥普罗维登西亚圣玛利亚大街2828号
建筑面积：2 516.44平方米
占地面积：1 206平方米
摄 影 师：尼古拉斯・萨耶赫

新西班牙酒店项目包括对原建筑进行恢复与翻新以及在主楼旁边扩建一个新建筑，将新旧建筑连接成一个整体。

两个建筑之间的通道是一个宽敞而明亮的空间。纯白色的内部天花板和墙壁可以增加室内的亮度，并且朝向北部山丘、马波乔河地平线以及南部的塔楼展开。

对旧建筑进行改造是该项目的一个主要挑战，因为现有建筑的墙壁和楼板为刚性结构，没有空间设置天花板来安装空调系统。因此，在每个房间的窗户上像寄生虫一样悬挂了多个空调设备，但是这样就破坏了建筑的外观审美效果。

因此决定将这些空调设备装进一个与新建筑具有相同风格的大箱体中。不考虑内部隐藏的空调设备，这些大型箱体可以作为木质栅格的支撑结构，不但可以有效阻挡太阳辐射，而且还能保护内部空间的私密性。

对于新扩建的建筑，设计师选择了相同的空间设计，将建筑最大高度控制在14米。新建筑层高为2.6米，共5层，此外还包括一个上面设有6个房间的附加楼层。

由于新建筑的层高比现有建筑的层高（2.28米）要高，因此仅在两个建筑之间的三楼上设置了一个连接通道（不包括底层的连接通道）。这个通道形成一个倾斜的天桥，将两个建筑连接在一起。

Best Western PLUS
LOS ESPAÑOLES
HOTEL

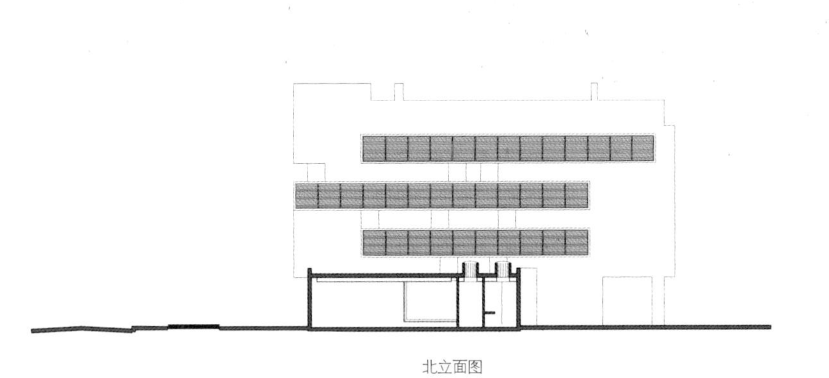

北立面图

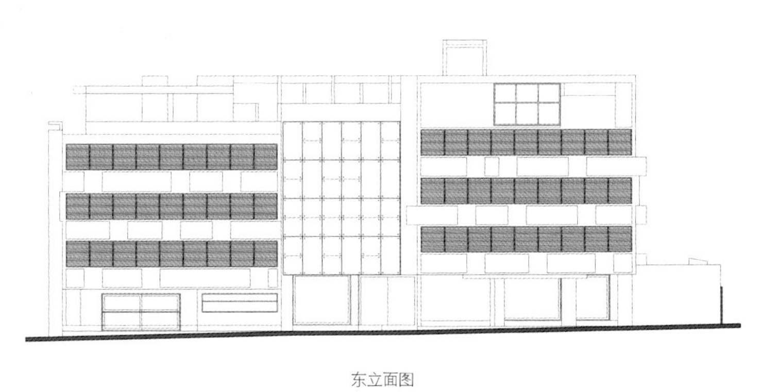

东立面图

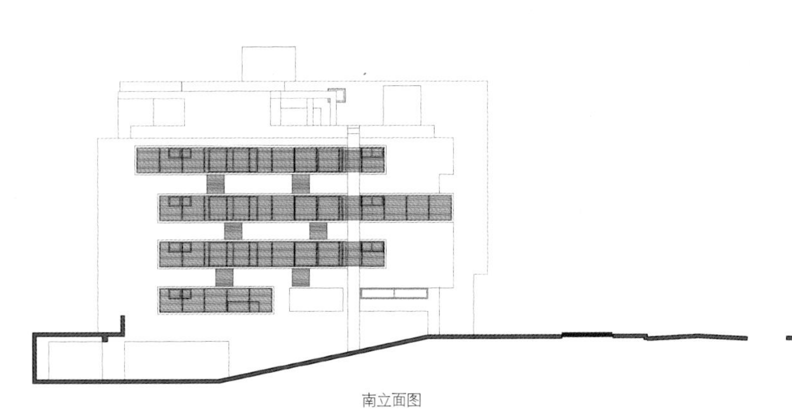

南立面图

西立面图

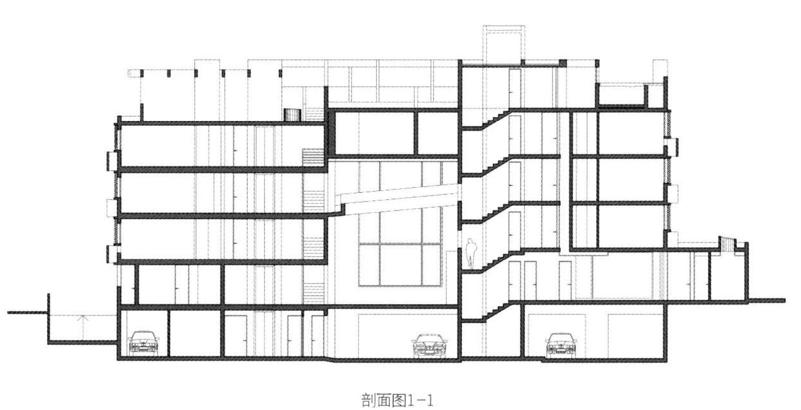

剖面图1-1

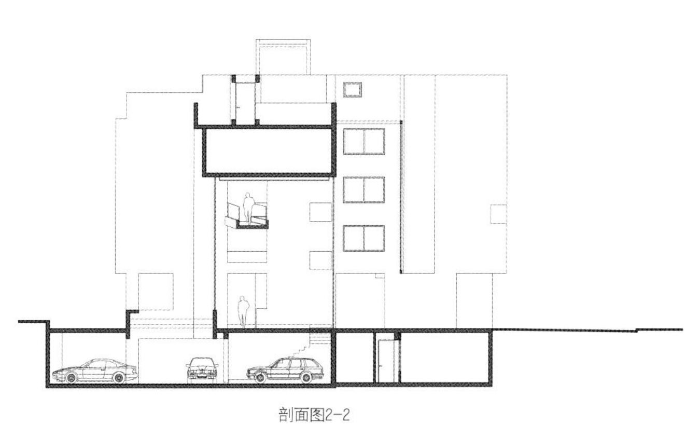

剖面图2-2

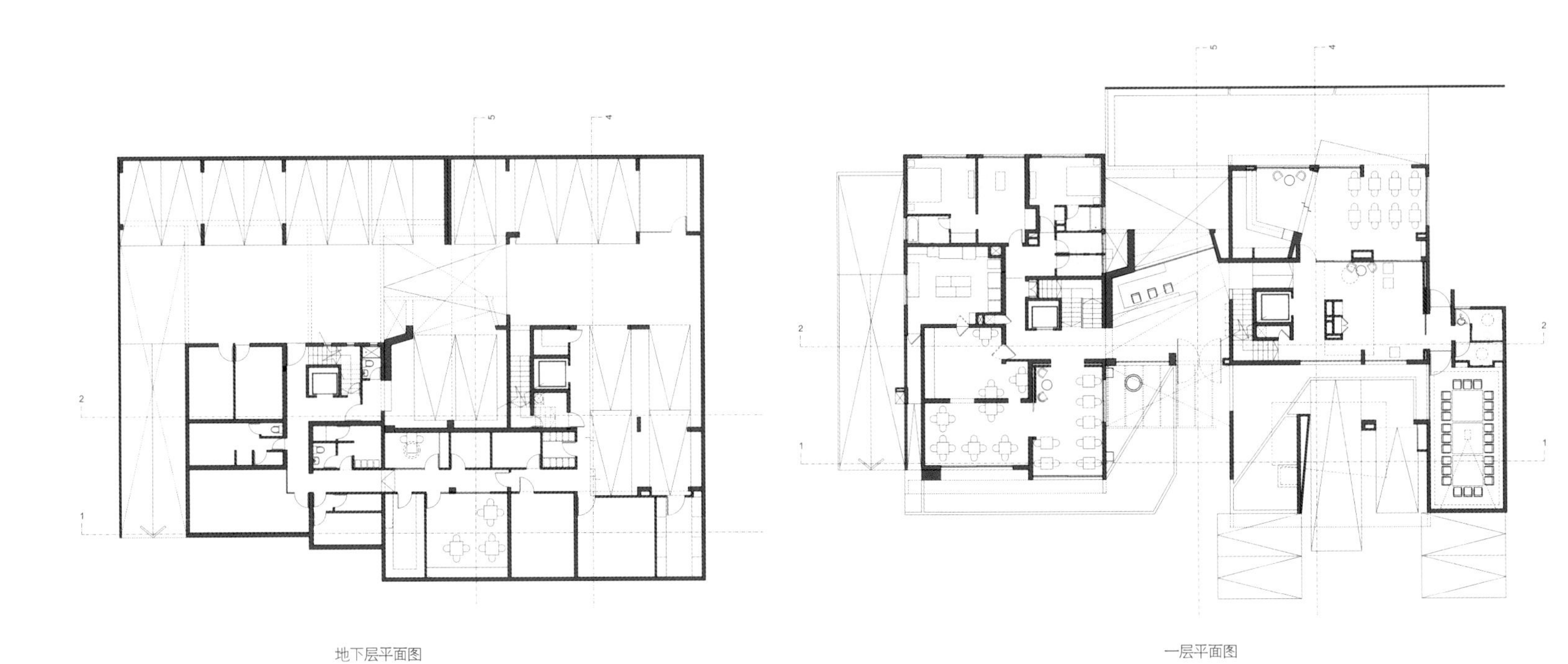

地下层平面图

一层平面图

二层平面图

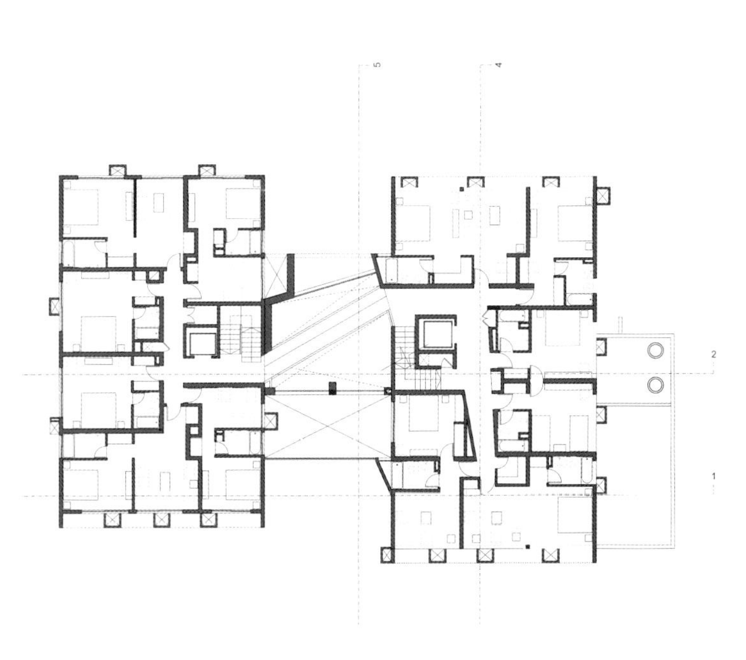

三层平面图

2828

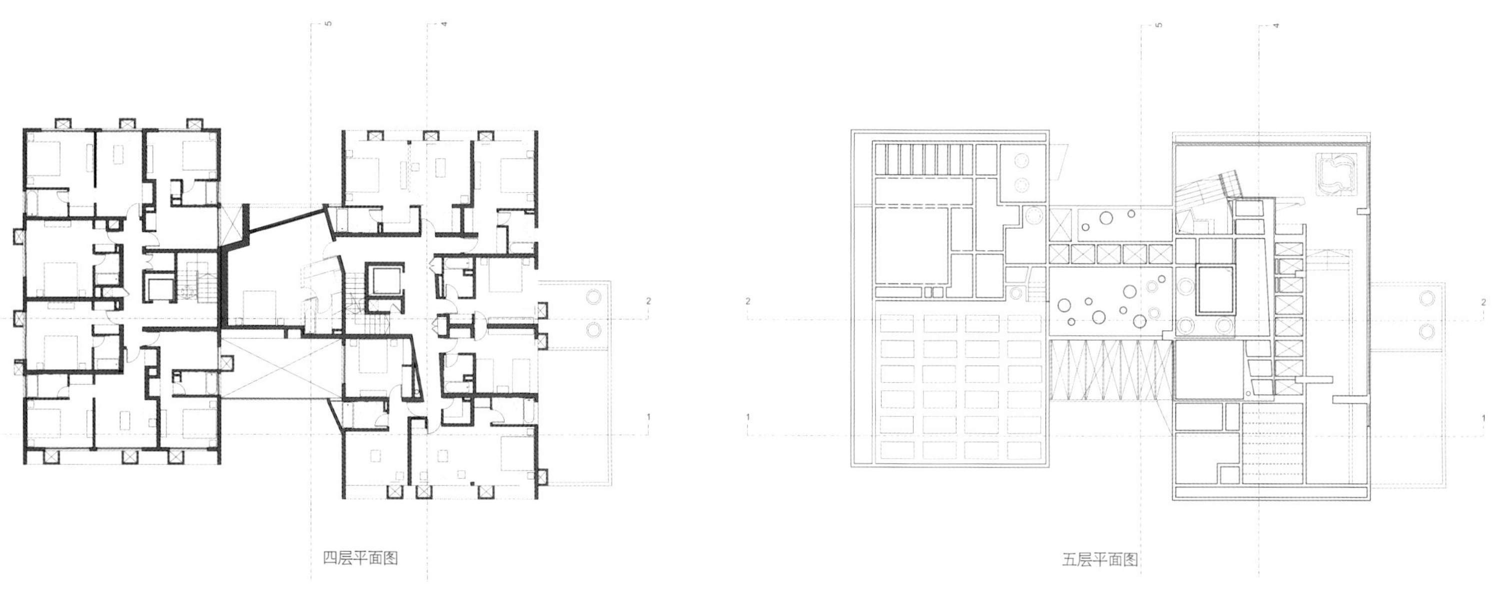
四层平面图
五层平面图

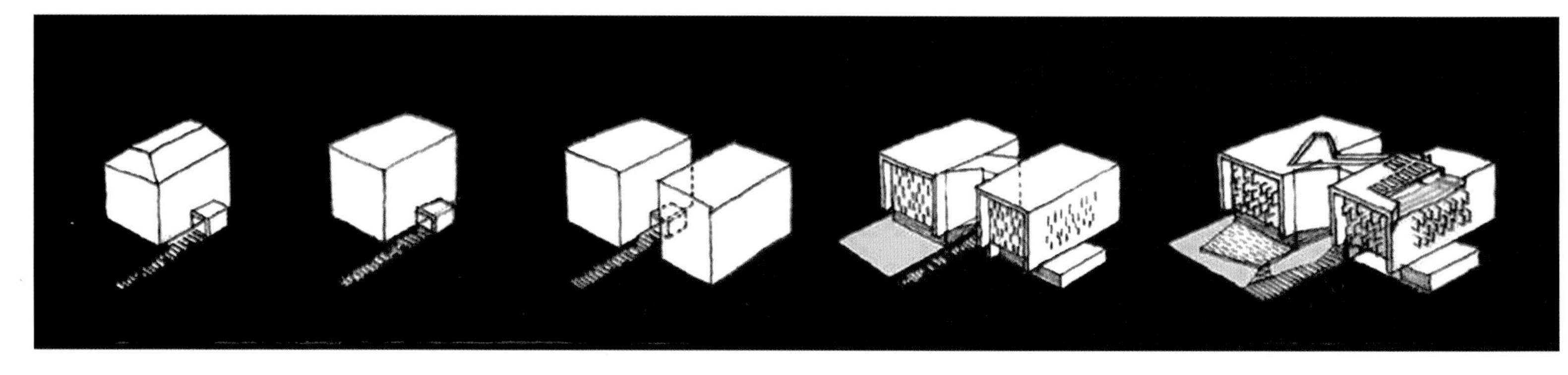

文华酒店

设计公司：卡洛斯·费拉特·兰巴利建筑师事务所
项目时间：2010年
项目地点：西班牙巴塞罗那
摄 影 师：达尼·罗维拉

巴塞罗那文华酒店经历了漫长的时间才得以建成，只有客户和建筑师才了解这五年来的艰辛努力。2004年夏季，设计师开始了这个位于格拉西亚大道上的酒店的初步概念设计。当时，设计师还没有与文华东方酒店集团或其他任何酒店公司进行接触。他们只是梦想着提出一项设计方案，使其能够为城市空间增加更多活力。

巴塞罗那自1992年奥运会之后在市中心没有建造过任何国际化新酒店项目。考虑到这一点，设计师在21世纪初开始着手实施一个项目，并且随着参与者认识到在市中心建造国际化酒店项目的意义时，设计方案也逐渐成形。

巴塞罗那拥有成为一个国际化大都市以及地中海地区文化与商业之都所需的所有条件， 其最近被评为“地中海联合国总部之都”就是很好的证明。

将具有文华酒店特点的一个酒店建筑融入巴塞罗那市中心对我们来说也是一种巨大的成就，因为该项目在技术设计、城市规划以及建筑设计等方面均具有很大的挑战性。该项目已经超越了城市的范畴。

竞赛项目所处位置曾是1956年成立的赛马场总部所在地。也就是说，这里曾经代表加泰罗尼亚上层资产阶级。塞尔达项目始于1836年，是38~40号地块上的首个重要活动。

这个新古典主义风格的建筑在西班牙内战时期遭到破坏，现有的总部建筑于1950年迁往狄亚格纳尔大街和巴尔梅斯大街交会处的佩雷兹•萨马尼罗大厦。

首先，格拉西亚大道上最著名的建筑就始于这一时期；实际上，这些建筑都是如米拉大厦和巴特罗大厦等多

户式公寓住宅以及由普伊哥•卡达法赫与多梅尼克•蒙塔纳设计的公寓住宅。

内战结束后，这个赛马场成为西班牙美洲银行的办公总部，该银行曾经是西班牙战后经济发展的主要推动力之一。该建筑的设计任务被委派给当时该银行的常务建筑师加林德兹。该建筑于1955年完工，就是我们在此次竞赛中所看到的那个建筑。

从那一时期直到巴塞罗那被评选为奥运会主办城市，格拉西亚大道是当地主要银行所在地和商业中心。这些建筑为商住功能，底部楼层为办公室，上部楼层是巴塞罗那富人们的公寓住宅。

在这种历史背景下，格拉西亚大道上出现了大量商业贸易、旅游以及大宗消费品等工作商机。

此次国际知名建筑师团队之间进行的限制性私人建筑竞赛为建筑师们提供了一次为客户提供设计方案的良好机遇，从而进一步促进该城市的发展。

格拉西亚大道是世界最著名的大街之一， 与伦敦的摄政街、巴黎的旺多姆广场、纽约的百老汇以及罗马的威尼托街等世界著名大街齐名。这条街道上还拥有许多具有宝贵文化和建筑价值的历史建筑。格拉西亚大道的记忆在很大程度上也是巴塞罗那的城市记忆，是巴塞罗那的城市主轴之一。街道上的建筑向人们展示了巴塞罗那城市历史中的街道发展脉搏。

BON
NADA

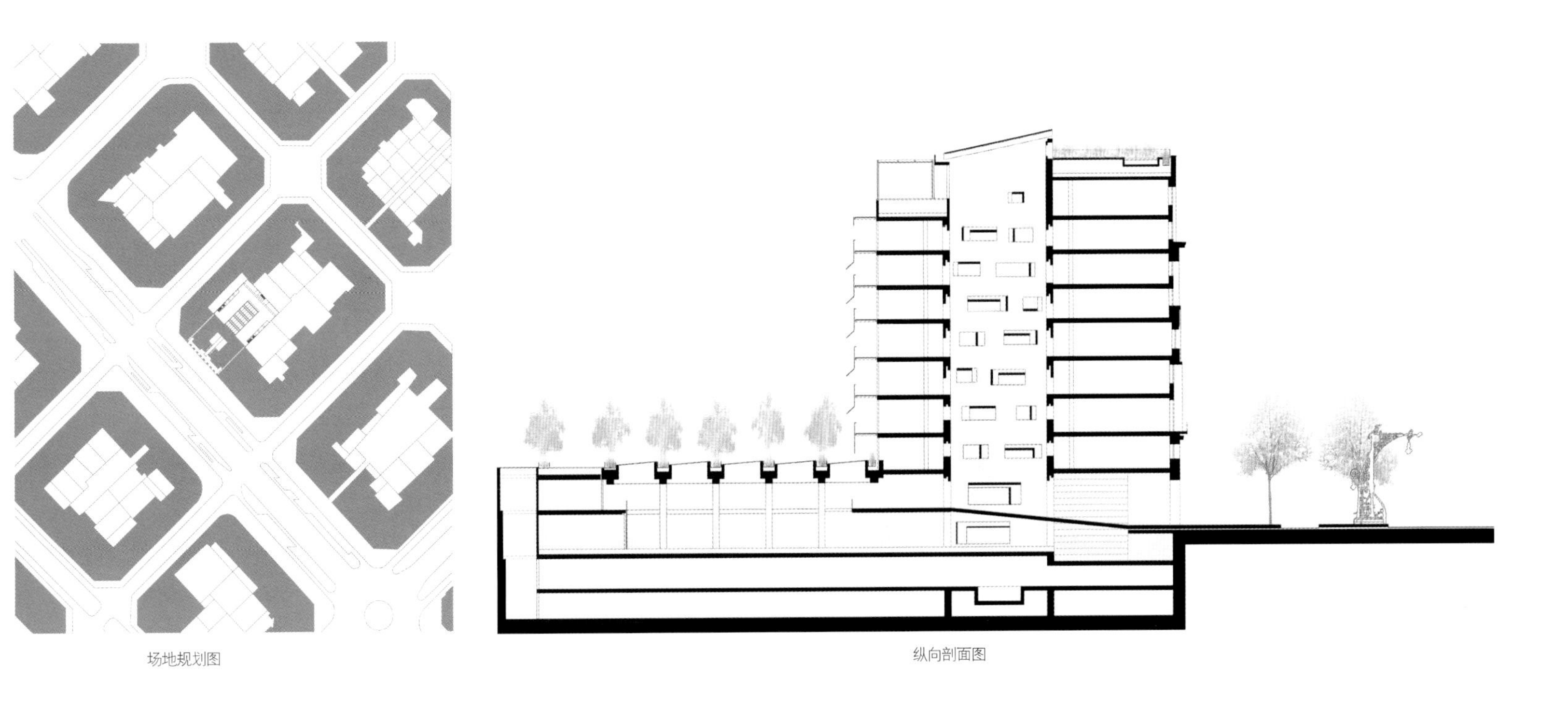

场地规划图

纵向剖面图

MANDARIN ORIENTAL

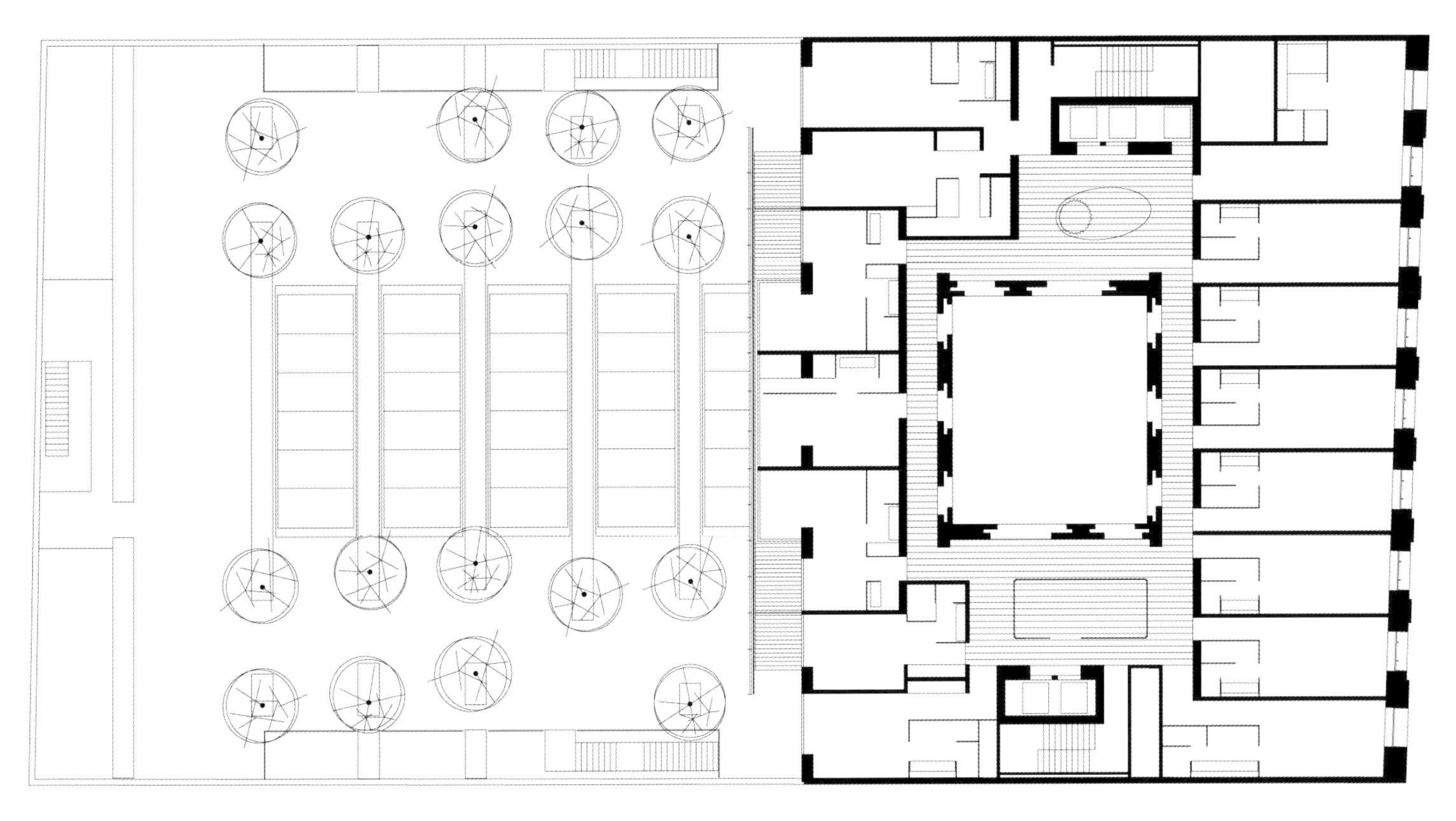

植被类型

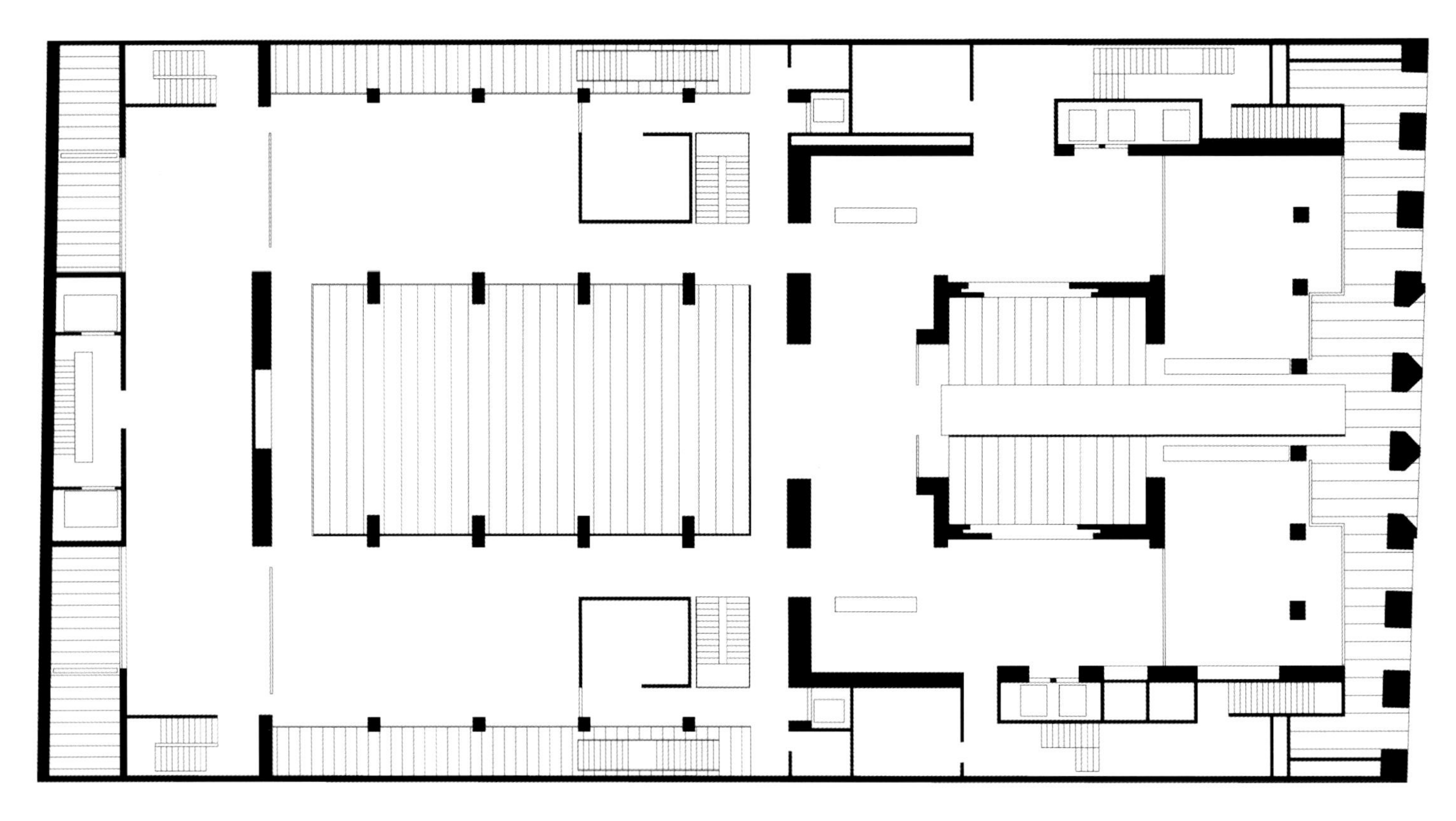

夹层植被

阿尔塔米拉街道酒店（翻新）

设计公司：克鲁斯-卡拉斯科建筑师事务所
项目时间：2009年9月
项目地点：西班牙圣阿古斯丁广场（圣地亚哥坎普斯特拉市）
项目面积：743.14平方米
楼面面积：974.15平方米
摄 影 师：赫克特·桑托斯·迪耶兹

该项目是对位于圣地亚哥坎普斯特拉市中心的一个古老建筑的修复项目。建筑的三个立面在阿尔塔米拉大街、圣阿古斯丁广场和一个旧货市场之间的一个狭长街区中起着装饰作用。在那一时期，底层和二层用于零售商店，其他楼层包括屋顶阁楼全部用于居住。主入口位于阿尔塔米拉大街上，几乎比市场广场所处位置高出一个楼层。此外，该酒店还包括一层地下室，可以从商业建筑中进入，内部设有两根巨大的石柱和一口井。地下室占据整个地块的地下空间，共174平方米。

此次设计保留了能够表现原建筑特点的元素，如楼层结构、隔墙处的楼梯、立面以及外观造型等。建筑外部仍然采用简洁设计：花岗岩石材、无遮盖的砌筑墙面、封闭式阳台、粉刷成火炬松纹理的外门以及铸铁阳台等。此外，该项目还保留了原有的功能布局：底层用于餐厅，服务台位于阿尔塔米拉大街上的入口通道旁，酒店客房全部布置在上部楼层。

这些元素发挥以下主要作用：餐厅和服务台采用雕刻大理石材料装饰，不用走动即可实现公共空间之间的交叉工作；酒店客房入口处设有一个扇形门厅，每个房间各不相同，但是具有相同的配置（如阳台、封闭式阳台以及类似区域）；将楼梯和电梯当作同一个元素进行处理，从透明的立面将阳光引入空间深处。该项目还保留了带有石柱和井的小型地下室、栏杆、阳台以及外部纹理等特点。建筑师使用白色来衬托宁静的气氛，用火炬松和灰色木纹烘托人行通道的温暖氛围。两种效果被成功应用到家具设计当中，如桌子、座椅、壁橱以及床头板等，为每个房间提供不一样的居住环境。

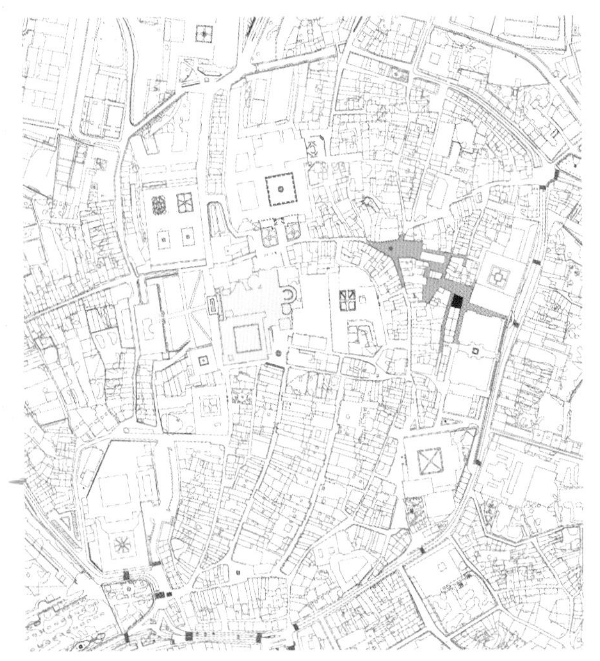

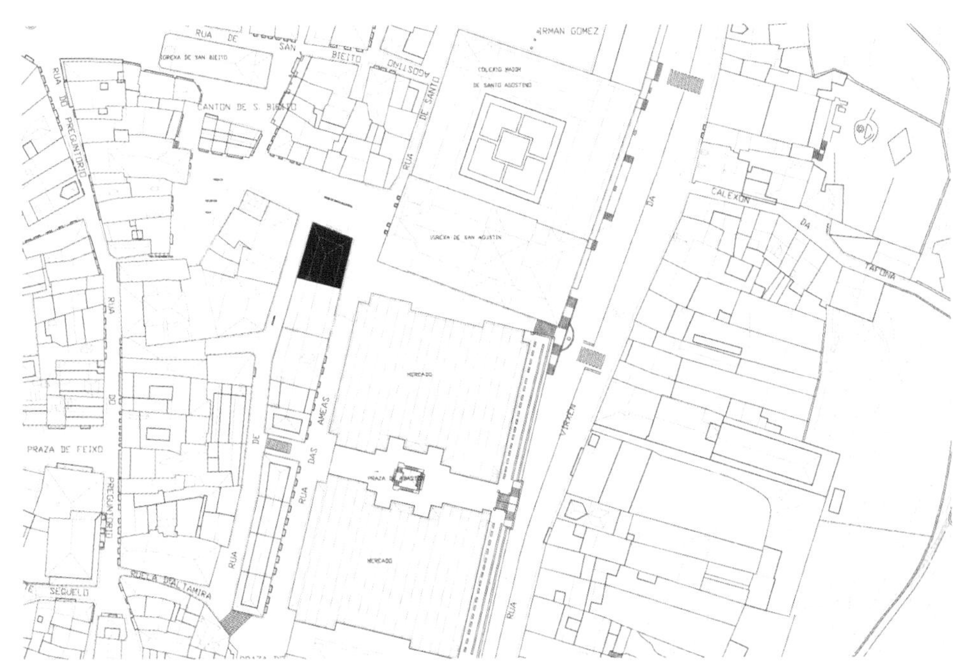

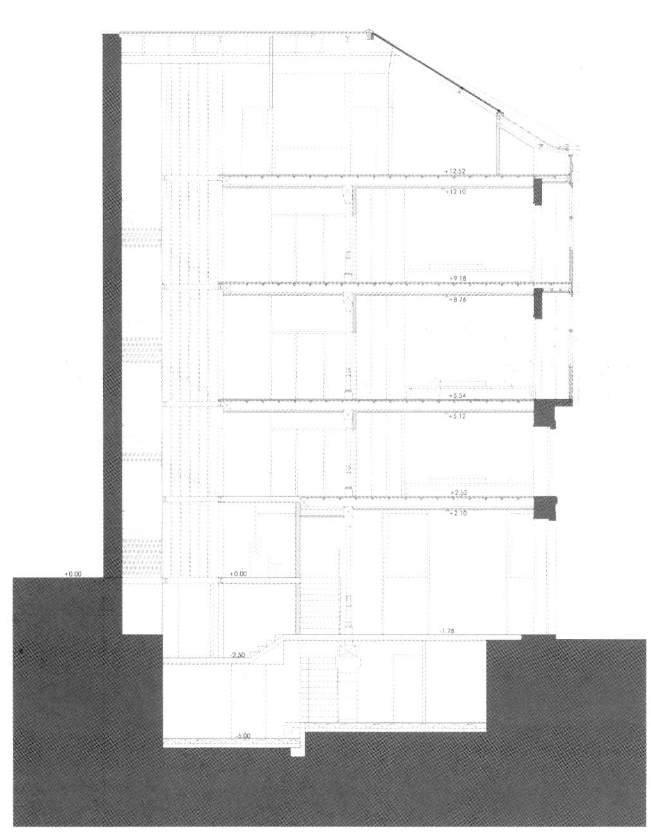

纵剖面图

东立面图

北立面图　　西立面图

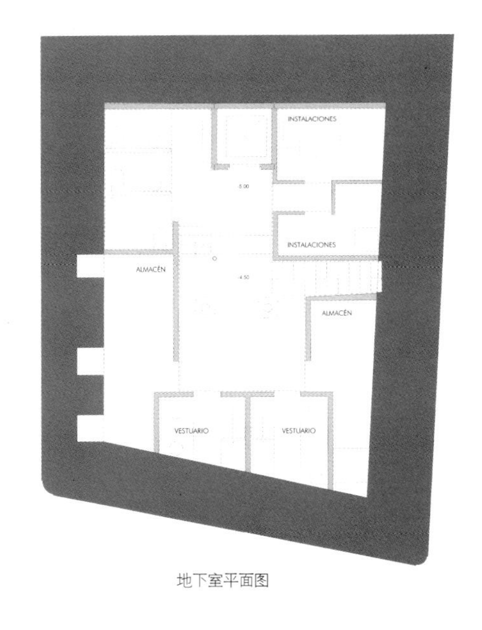

地下室平面图

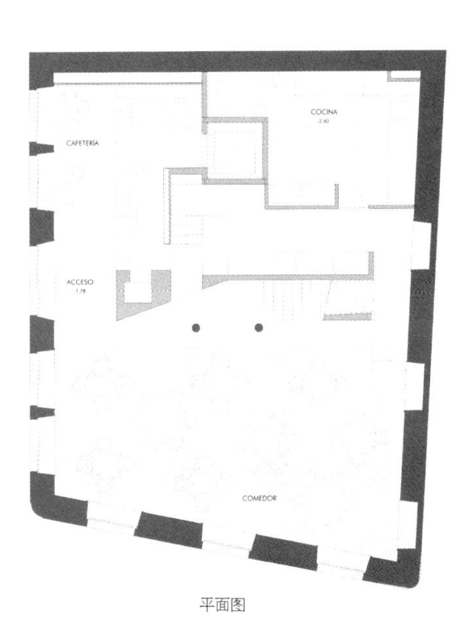

平面图

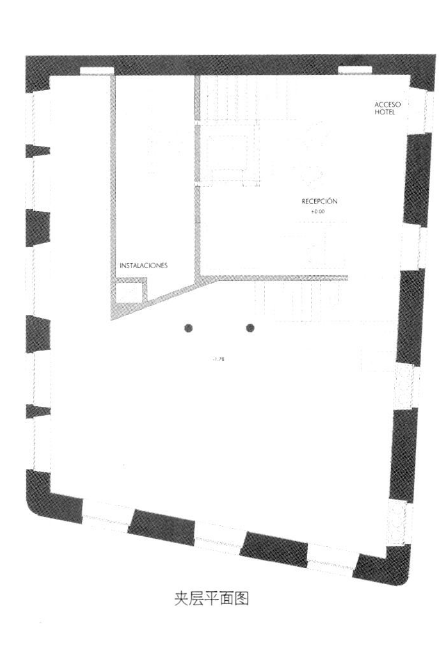

夹层平面图

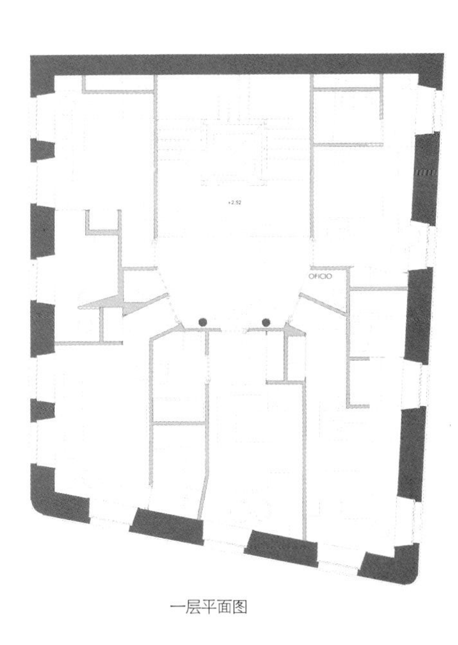

一层平面图

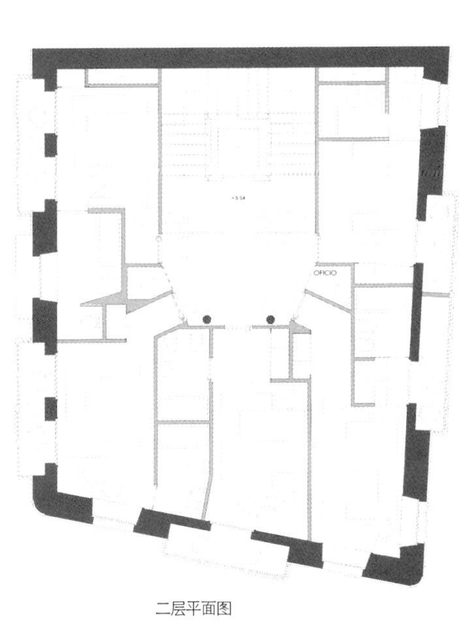

二层平面图

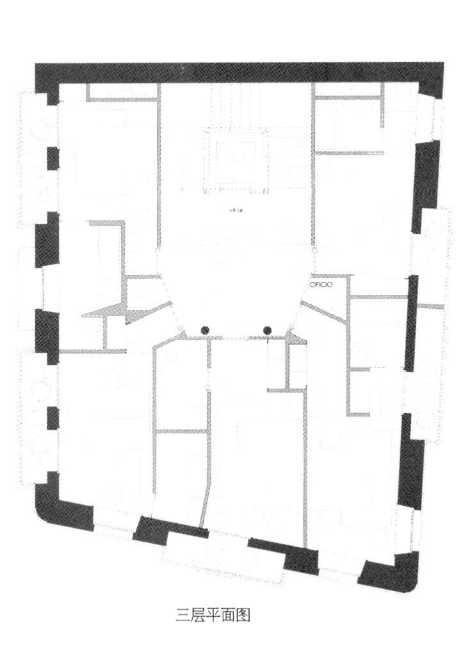

三层平面图

企业中心

设计公司：普拉特弗姆建筑事务所
项目时间：2012年5月
项目地点：法国埃鲁维尔圣克莱尔
表面面积：建筑表面面积2 321平方米，净表面面积2 900平方米
摄 影 师：杰罗姆·里库洛

欧洲广场西侧的企业中心开发项目为法国埃鲁维尔圣克莱尔的城市规划划上了圆满句号。城市规划要求该项目包括区域就业中心、企业孵化器以及一间餐厅，这为中心的布局增加了一些约束条件。通过将三个主要建筑结构以一种不平衡的方式堆叠在一起，成功克服了这些障碍。

该项目的象征性元素是三个错位堆砌在一起的建筑体块，这种造型设计让人们感到不安，它稍稍违背了万有引力基本定律。该建筑可以从两个角度进行解读：首先是基座部分，它与城市规划和景观环境相互协调；其次是垂直感。立面系统将建筑和城市空间融合到一起，从而实现了可持续发展。

水平楼层上的黄铜色铝材元素与垂直方向的遮阳板项目配合，可以有效控制太阳辐射。

规划目标

埃鲁维尔·圣克莱尔市铺设第一块基石近50年后，通过在欧洲区域的城市发展终于实现了市中心的开发与建设。在这里建造一个商务酒店具有象征性意义：

——从城市角度讲，考虑到该建筑在城市中的独特位置以及建筑所呈现出的企业形象，此建筑的确应该展现

强烈的“门户”形象，供穿梭于东西部地区的步行者们使用；

——从建筑角度讲，该项目应该展示身份象征、宏伟大气、开放性、现代性和诗情画意，同时具有合理性，符合可持续发展原则和经济性能；

——从环境角度讲，该项目采用生物气候学方法，同时表现出对环境的尊重。

该建筑的象征意义还体现在严格的施工理念上。合理采用梁柱混凝土结构，整齐地悬挂在5.4米的高度，成功实现了完全模块化施工过程。

结构的合理性是我们关注的核心问题。主建筑体块的不平衡性并不是结构效应，它们只是使用了轻型金属元素，遮阳篷和外观都是这个体块中的亮点。这种结构合理性是建筑经济性能和耐久性的有效保证。

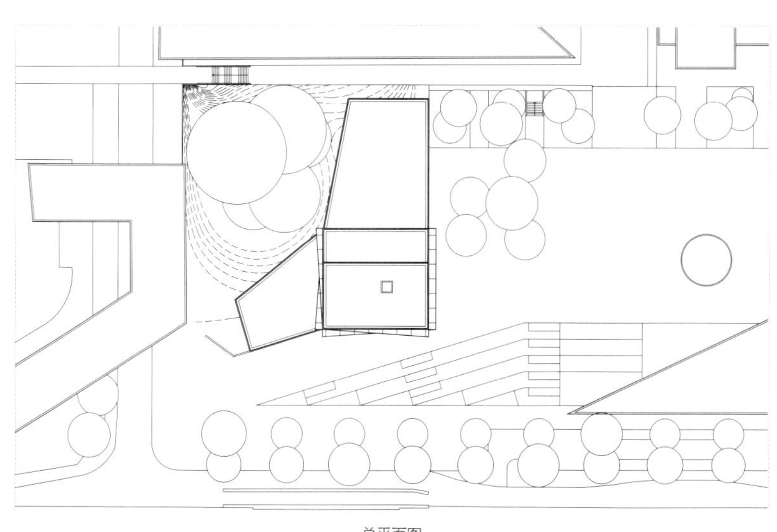

总平面图

剖面图 1

剖面图 2

立面图 1

立面图 2

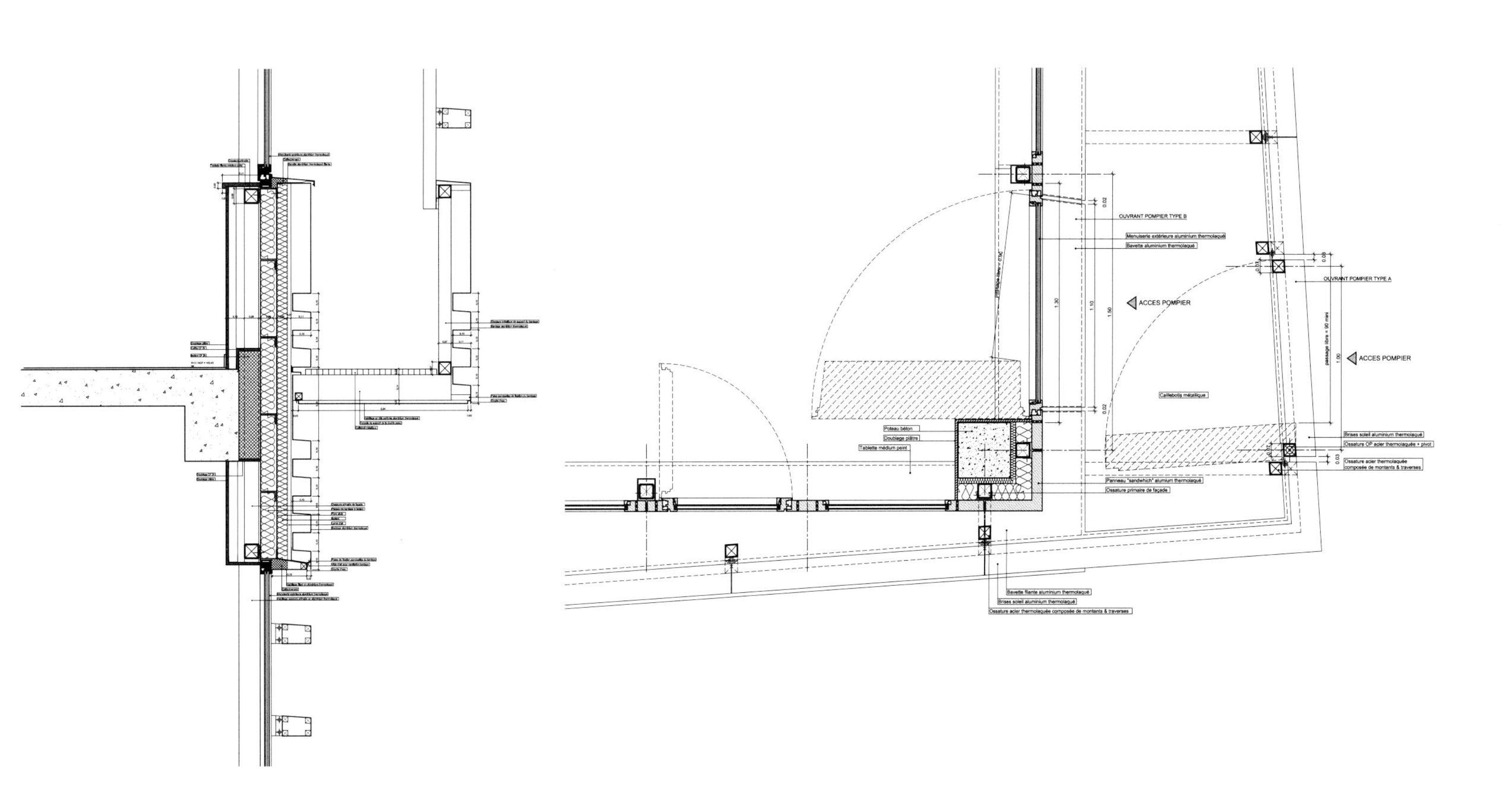
OUVRANT POMPIER TYPE B
Menuiserie extérieure aluminium thermolaqué
Bavette aluminium thermolaqué
passage libre = 0.90
ACCES POMPIER
OUVRANT POMPIER TYPE A
passage libre = 90 mini
ACCES POMPIER
Caillebotis métallique
Poteau béton
Doublage plâtre
Tablette médium peint
Brises soleil aluminium thermolaqué
Ossature OP acier thermolaquée + pivot
Ossature acier thermolaquée composée de montants & traverses
Panneau "sandwhich" alumium thermolaqué
Ossature primaire de façade
Bavette filante aluminium thermolaqué
Brises soleil aluminium thermolaqué
Ossature acier thermolaquée composée de montants & traverses

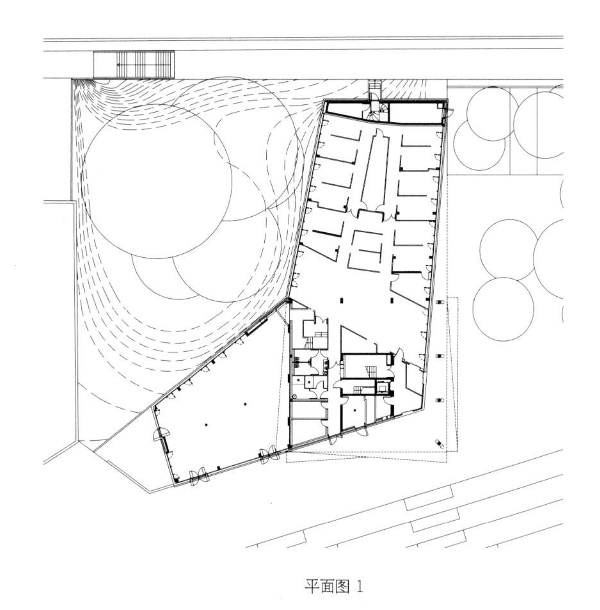
平面图 1

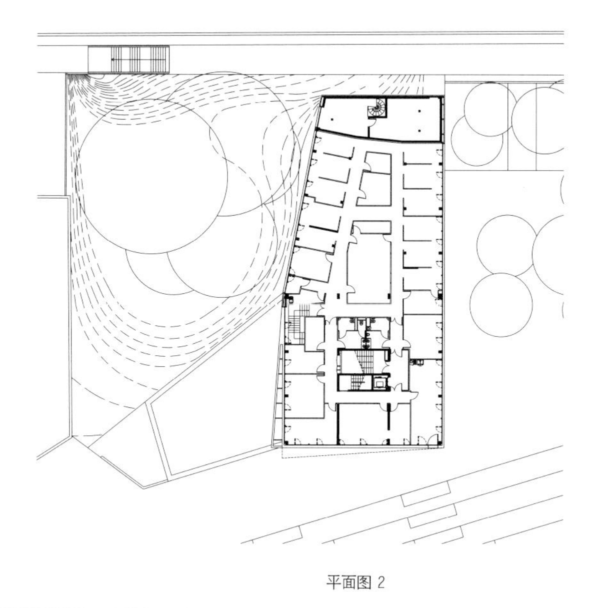
平面图 2

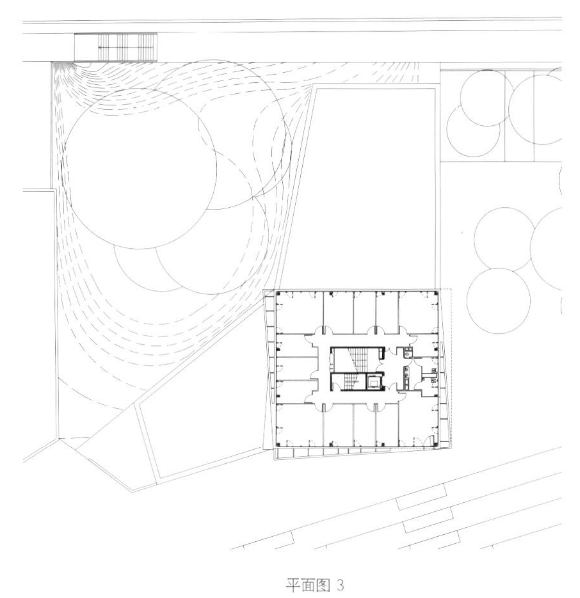

平面图 3

宜必思酒店

设计公司：考克斯建筑私人有限公司
项目时间：2008年
项目地点：澳大利亚悉尼
项目规模：91间客房
摄 影 师：布雷特·博德曼

宜必思酒店为8层建筑，共91间客房，底层包括公共早餐设施和酒吧区。

两个地下楼层与现有国王街码头地下室相互连接，形成一个整体，从而可以有效利用停车场以及厨房和商店等地下设施。

该项目还包括3层朝向公共广场开放的零售空间、酒吧和餐厅。

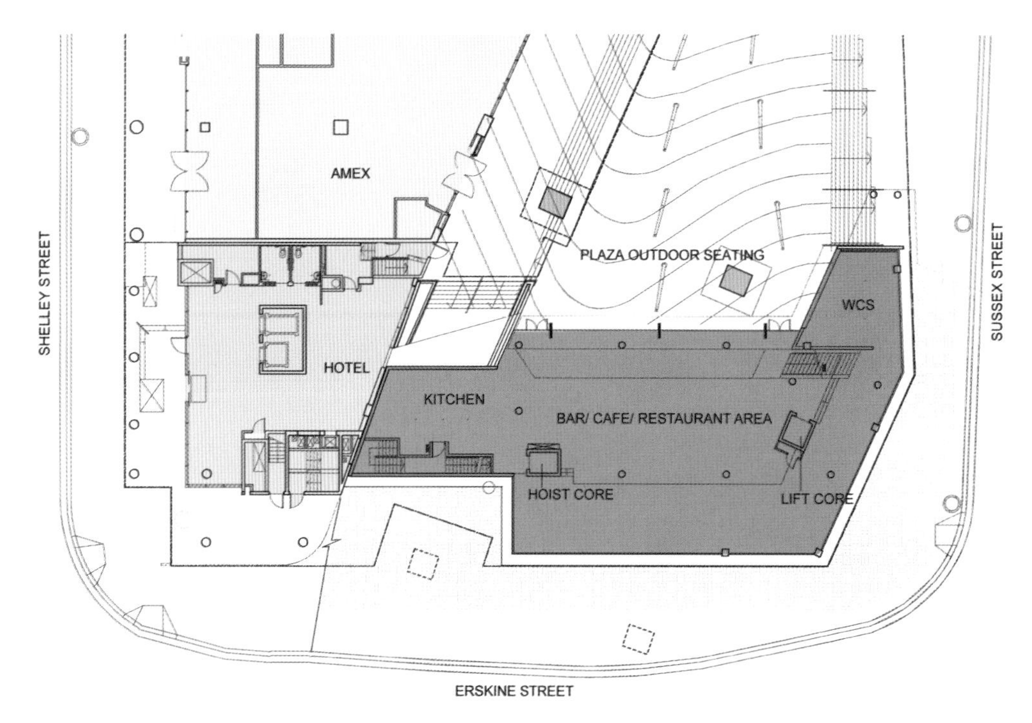
AMEX
SHELLEY STREET
PLAZA OUTDOOR SEATING
SUSSEX STREET
WCS
HOTEL
KITCHEN
BAR/ CAFE/ RESTAURANT AREA
HOIST CORE
LIFT CORE
ERSKINE STREET

地面层平面图

hotel ibis
symantec

hotel ibis
ibis
HOTEL
hotel ibis
hotel ibis

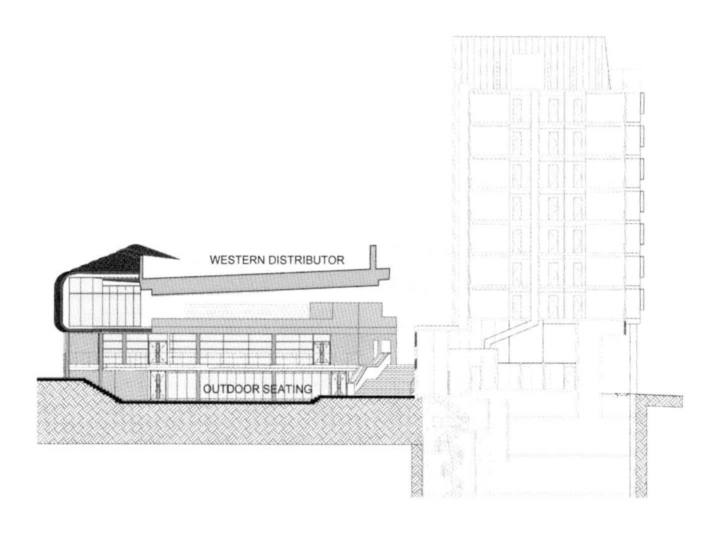

广场正面图

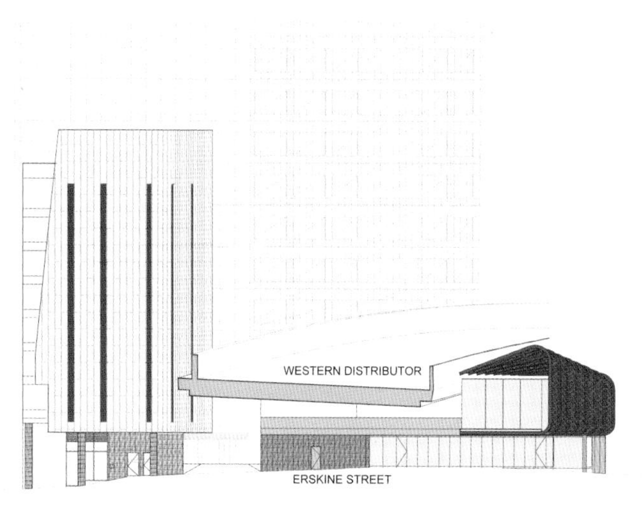

南立面图

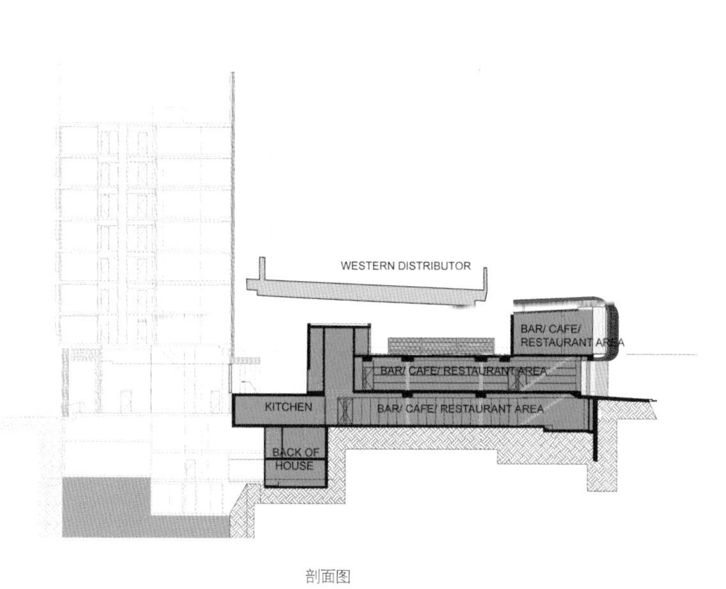

剖面图

柏林商务园机场酒店

设计公司：彼得森建筑师事务所
项目时间：2011年3月至2012年3月
项目地点：柏林商务园
建筑面积：约7 800 平方米
占地面积：约30 800 平方米
摄 影 师：简·比特·弗托格拉菲

该建筑位于机场商务园区的入口处。项目初期，用户和居民尚不知该建筑的用途。建筑形式以可持续发展为设计理念，具有生态、经济、社会和文化等特点。相关的变化元素包括城市轮廓、节能理念、建筑工艺、建筑材料的应用以及经济效率等，即“九宫格数独”策略（反复试验）。建筑的外观造型设计尝试了各种基本几何形状，如立方体、平面、直线和圆点等形状。各部分可以任意排列，形成不同的长度、宽度以及高度（层数），随后再确定各部分的功能用途。这样可以只用必要的空间体积和表面尺寸就可以实现该建筑。此外，建筑结构均采用预制支柱和楼板。

所有楼层的平面布局具有高度灵活性，内部空间也是如此，可以根据具体需求进行调整。不同形状的体块被统一到一个外壳当中，从而形成一个清晰的建筑结构，内部拥有不同尺寸的空间布局。该项目要求实现灵活的立面设计，即整个钢板表面采用统一的颜色条进行装饰。这种设计体系可以实现模块化设计，从而方便设计与施工。

建筑强度和材料性能允许立面构件的支撑体系之间拥有较大的跨度，但是要求保证最小化热桥和UK值，同时实现防火、隔音、夏季高温隔热、100%可回收性以及永久性光滑表面等特点。

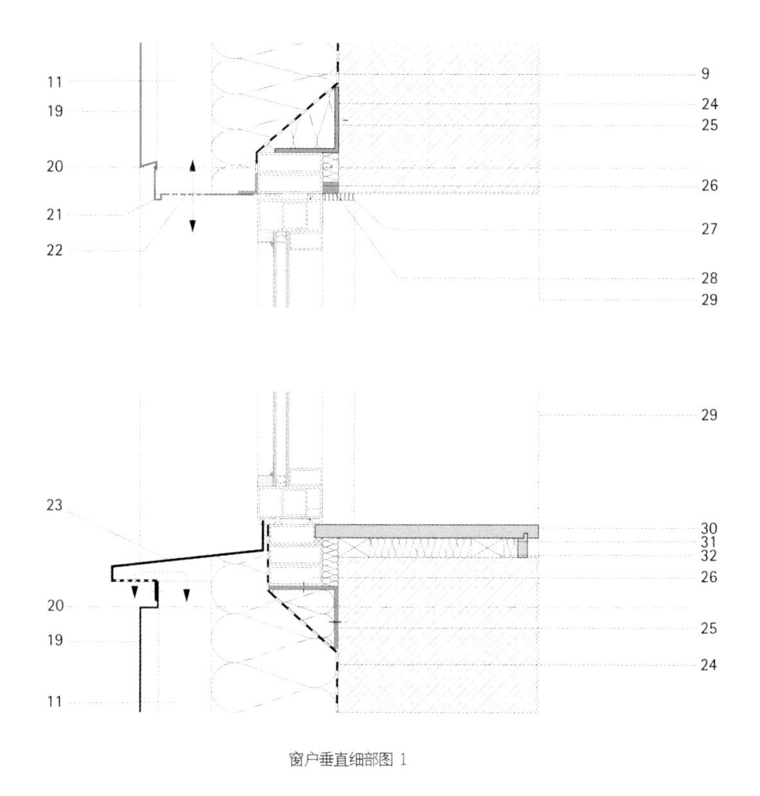

窗户垂直细部图 1

系统图　　系统+布局

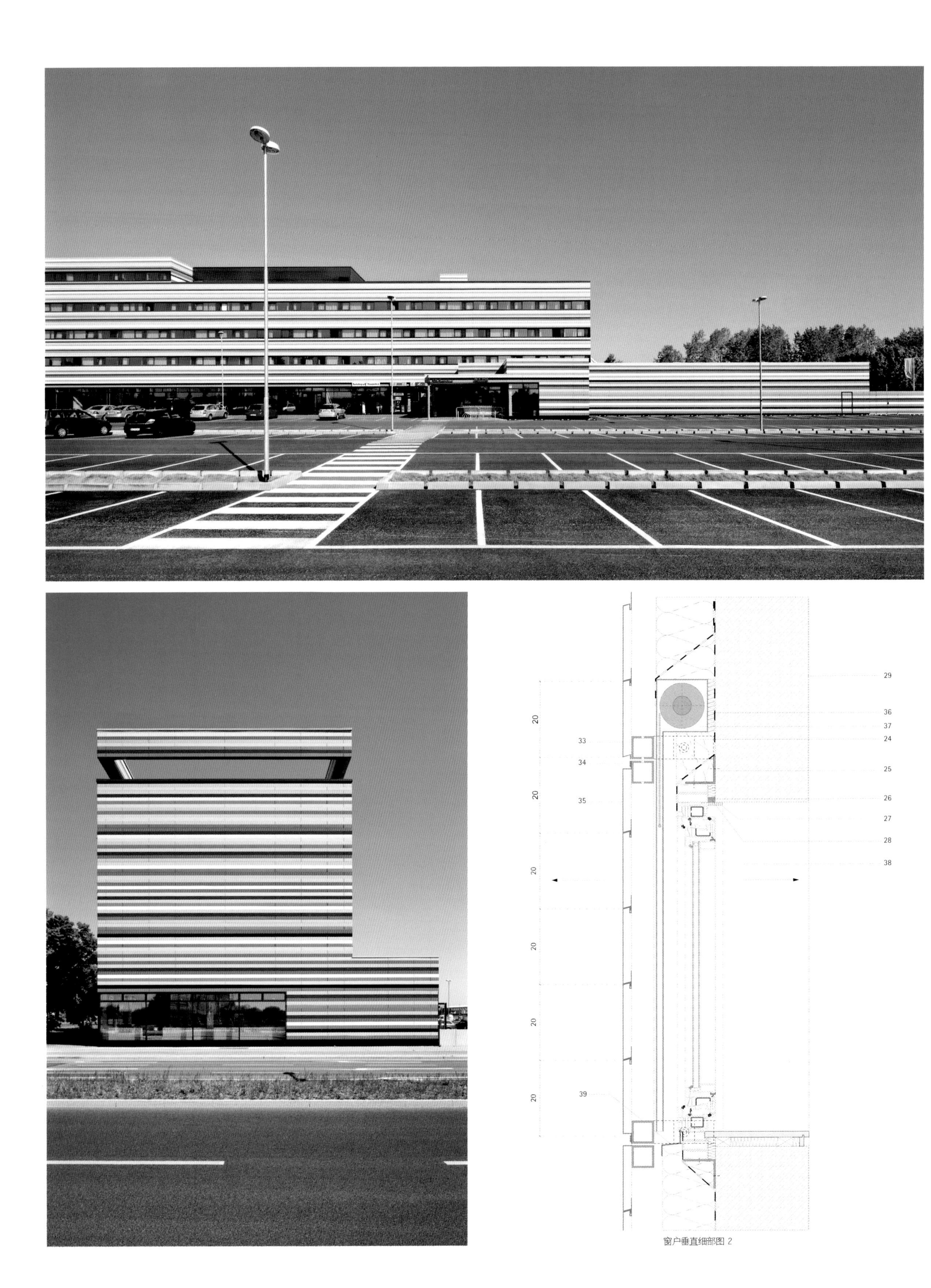

窗户垂直细部图 2

梦吉巴酒店

设计公司：DTR建筑师工作室
项目时间：2010年
项目地点：西班牙梦吉巴市
项目面积：2 360 平方米
摄 影 师：雅维尔·卡勒加斯

该项目位于西班牙梦吉巴市的一个主要工业区内，紧邻城市主要道路，与马德里、格拉纳达、科多巴、塞维尔以及市中心等相连。这种便利的交通也决定了该项目的战略性地理位置。

当地强制性规范中规定了非常严格的规划要求：建筑必须距离地块边界4米，最大高度不得超过9.60米，楼面面积不得超过1 000平方米。

这些要求决定了我们需要采取的设计方法，并且明确了最终的设计方案。

地理位置

该酒店作为一个独特并且具有参考价值的建筑必须布置在一个明显的位置。因此，该地块靠近百伦高速路的地理位置以及高速路的出口设置为我们带来了来自工业区的大量人群。

根据这一地理优势，我们打造了一个朝向公路的壮丽门脸，释放了所有现有花园和休闲区域，并且扩展了酒店建筑。除此之外，我们还为建筑设计了一个外壳，为该项目提供一种新的建筑特点，而且这里还可以根据功能要求被转变成多个举办婚礼的大厅。

建筑体量

上述问题强调了该建筑在周边竞争环境中成为地标性建筑的重要性。

规划要求中限制了表面造型和建筑高度，使我们感到无法实现该项目。但是，如果我们可以在空间和透明度上实现一些创新，我们将有机会改变建筑的空间和体积，从而更好地满足项目要求。

因此，最终建筑造型仿佛一个位于不同植物当中的建筑，同时拥有丰富的室内外空间，在满足建筑规范要求的同时，成功实现了规划目的。

位置图

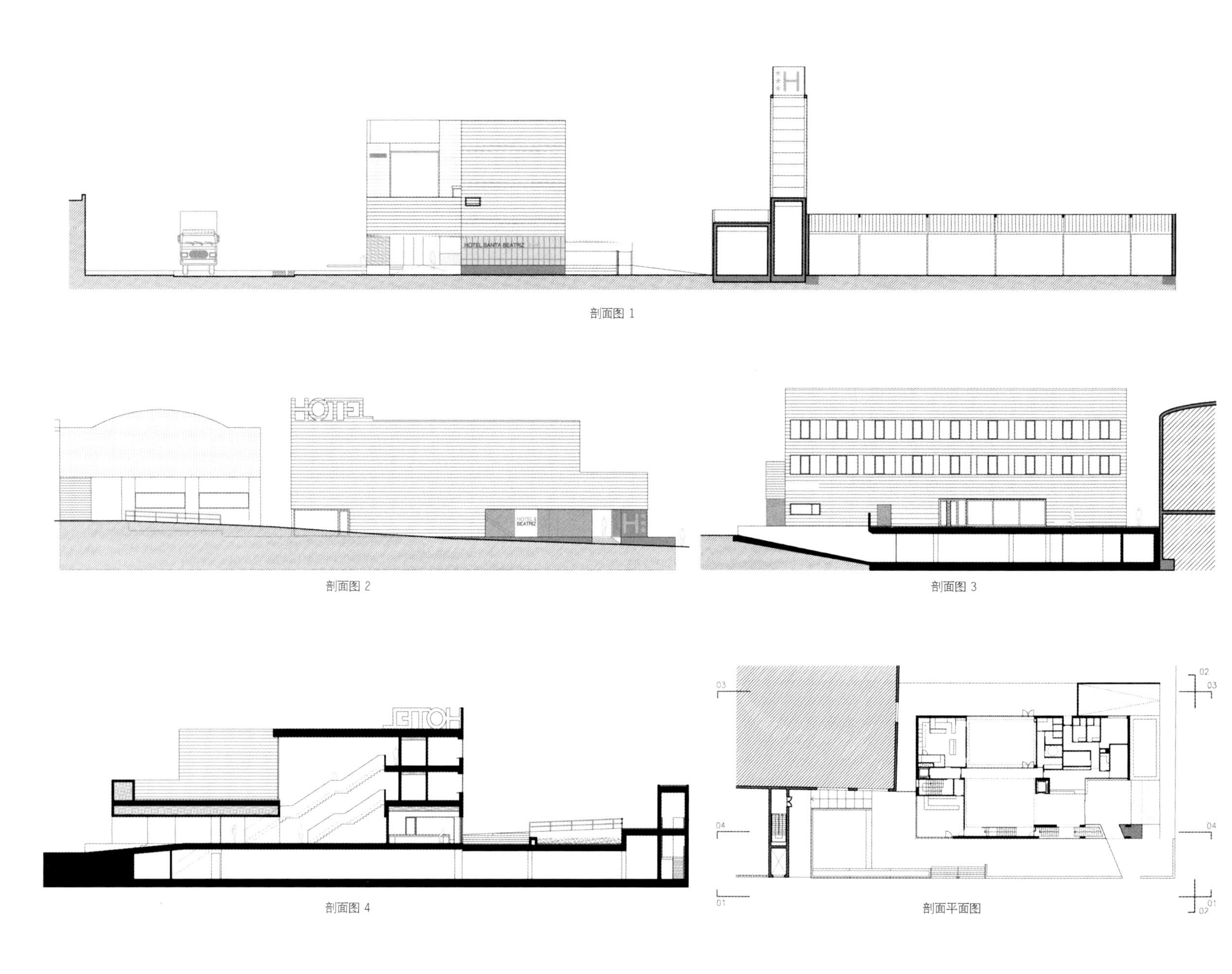

剖面图 1

剖面图 2

剖面图 3

剖面图 4

剖面平面图

HOTEL SANTA BEATRIZ DE SILVA

HOTEL SANTA BEATRIZ DE SILVA

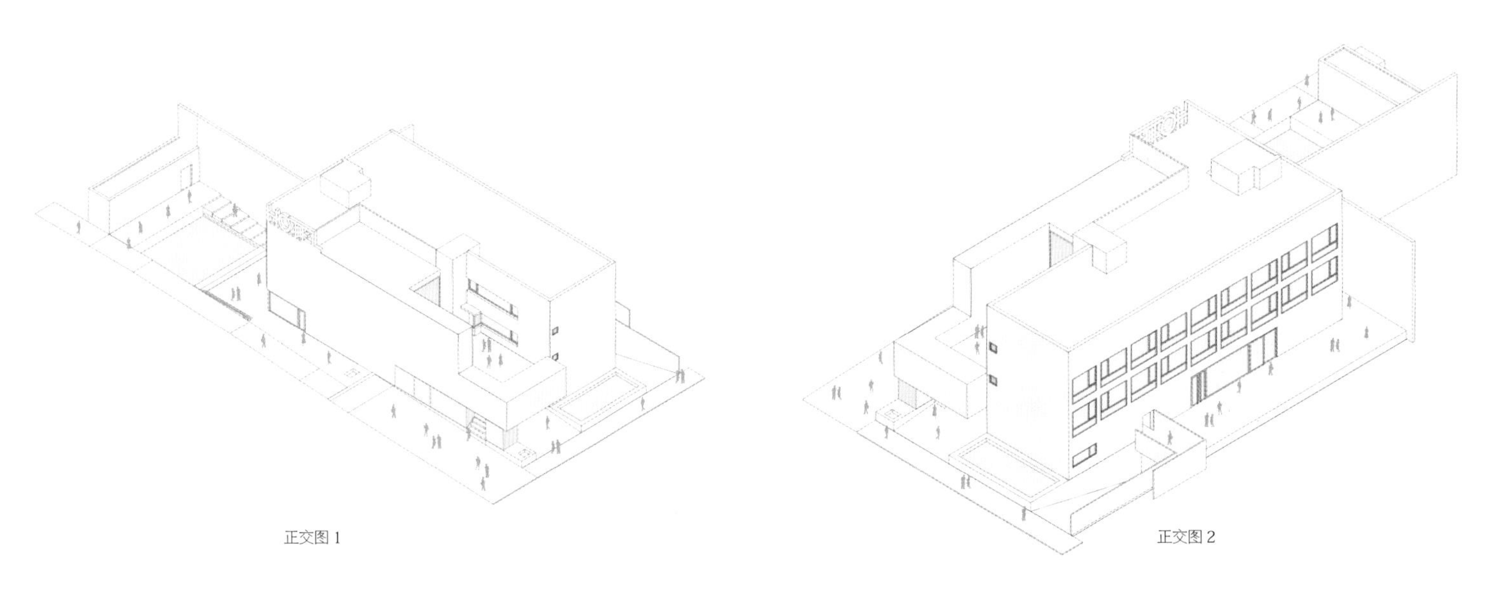

正交图 1

正交图 2

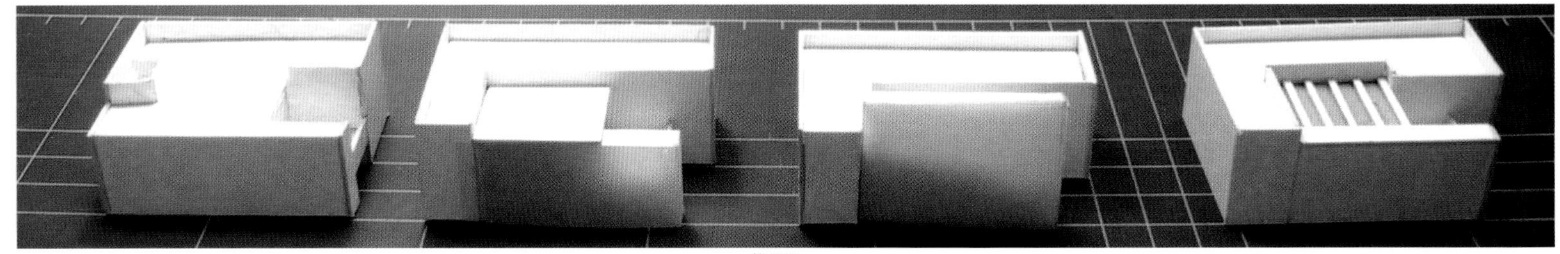

模型图

HOTEL SANTA BEATRIZ DE SILVA

HOTEL SANTA

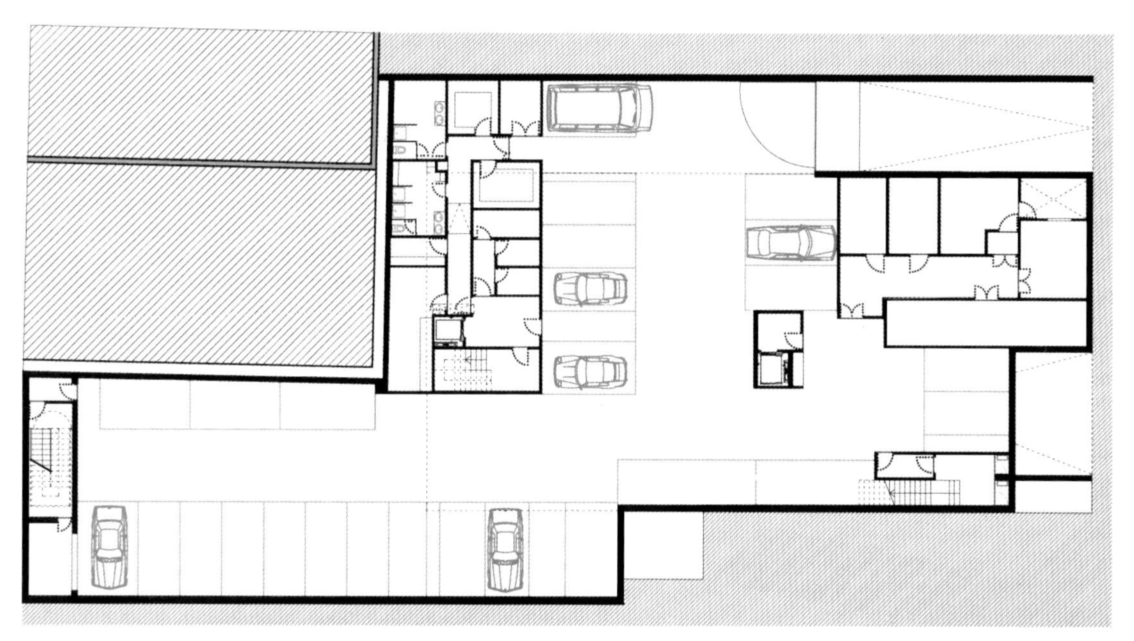

地下室平面图

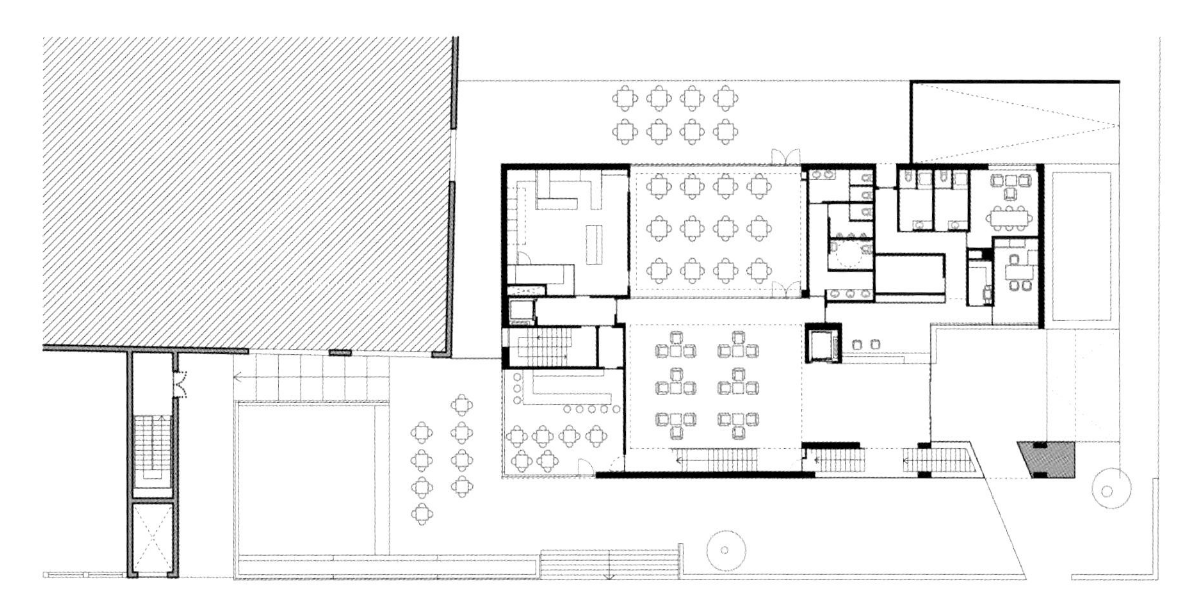

地面层平面图

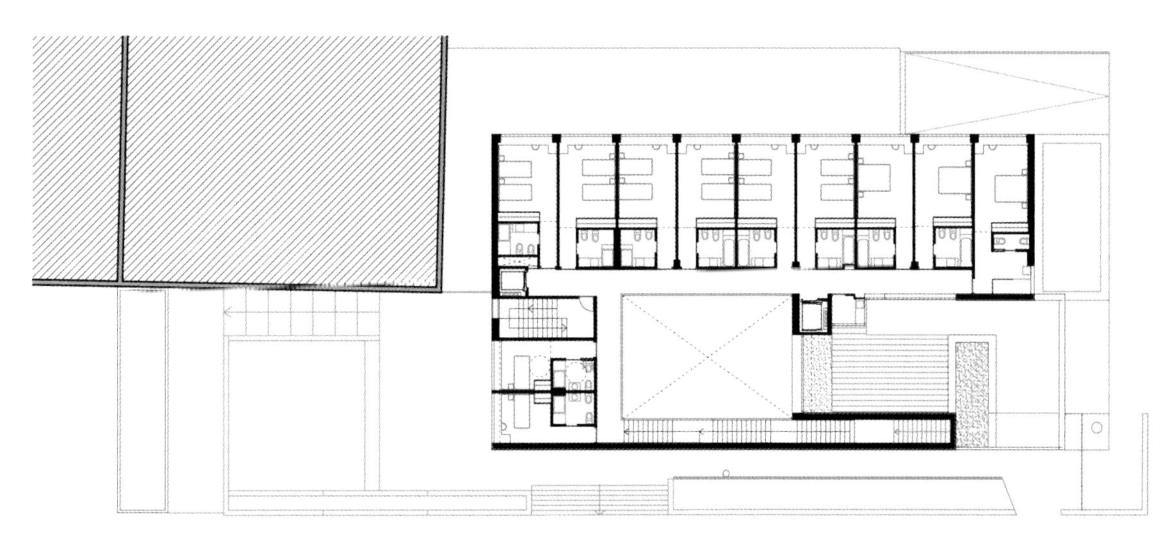

房间平面图

纽沃酒店

设计公司：NPS Tchoban Voss建筑与城市规划事务所
项目时间：2010年
项目地点：德国柏林
楼面面积：约21 463平方米
摄 影 师：帕特里希亚·帕里纳德

这个由西班牙NH集团打造的四星级“柏林纽沃”音乐与生活酒店南临施普雷河，北靠斯特拉劳尔大街，与现有仓库齐平，由310间客房、两家餐厅、一个带有舞厅的会议中心、一个温泉区以及一个地下停车场组成。

建筑立面设计反映了该项目的独特地理位置。一个巨大的悬臂式空间结构采用起重机驾驶舱的主题形式，将建筑立面与以前重要的奥斯塔芬港口的棕色石材相互融合到一起。建筑共七层，由两个体块组成，每个体块形成一个向河面打开的U形外观，并且通过玻璃结构彼此相连。西侧体块的顶部加设了四个楼层，形成一个独立分离的体块，俯瞰河流两岸。在这里，宽大的酒店套房可以通往屋顶露台，并且还可以通往室内录音棚。该结构悬置在地面上空70英尺处，俯瞰下面80英尺处的河面。

底层采用明亮的落地窗，并且用大块面板装饰，将酒店与周边陈旧的仓库建筑明显区分开。上层建筑立面采用空心砖装饰，上面设有不规则布局的方形窗户。所选砖块的颜色和排列方式不断变化，为其巨大的不规则表面增添了丰富而活泼的视觉效果。顶部楼层（7~10层）的外部包裹着高反射性铝层，透过全玻璃装置的双层立面能够欣赏到城市南部地平线的壮丽景观。

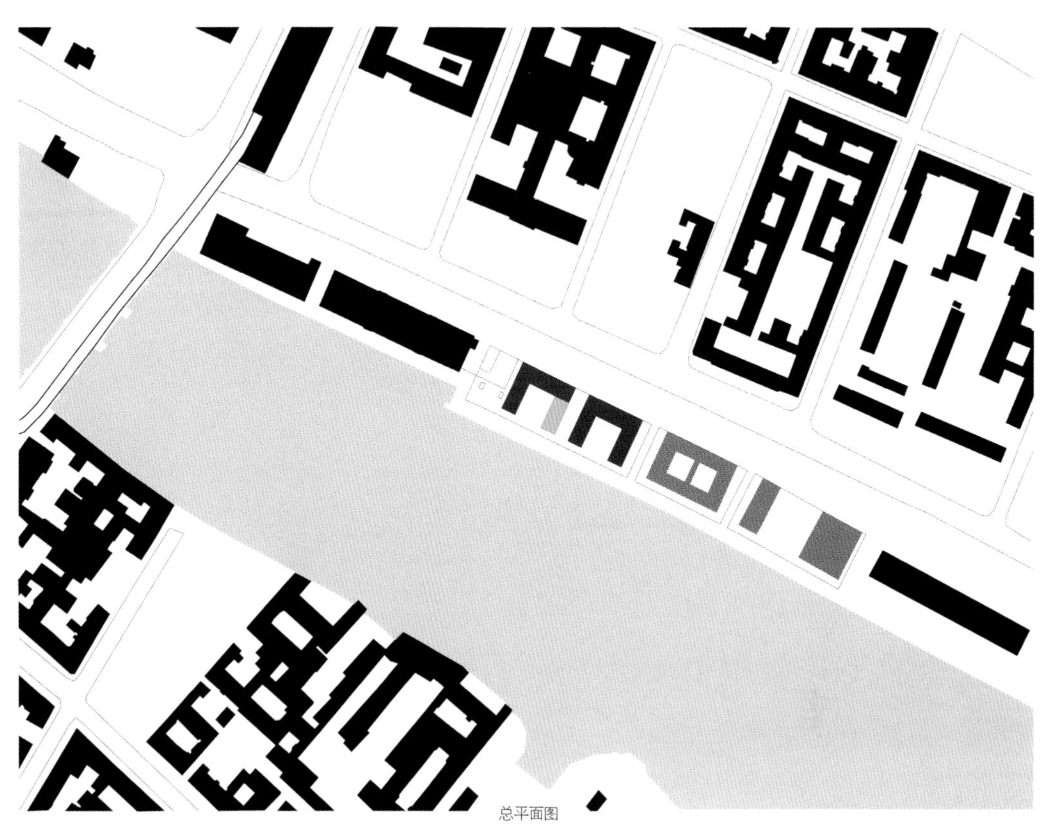

总平面图

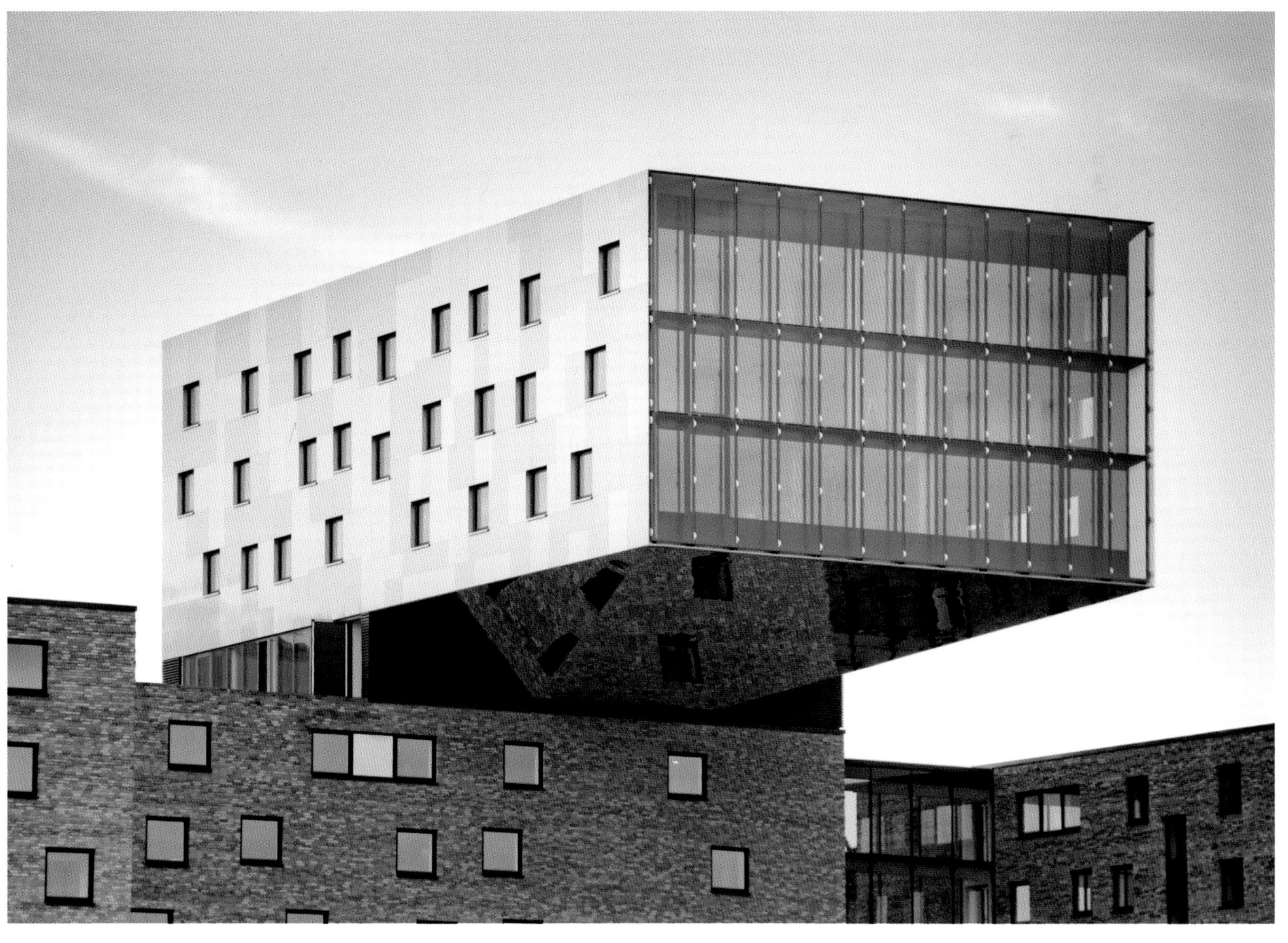

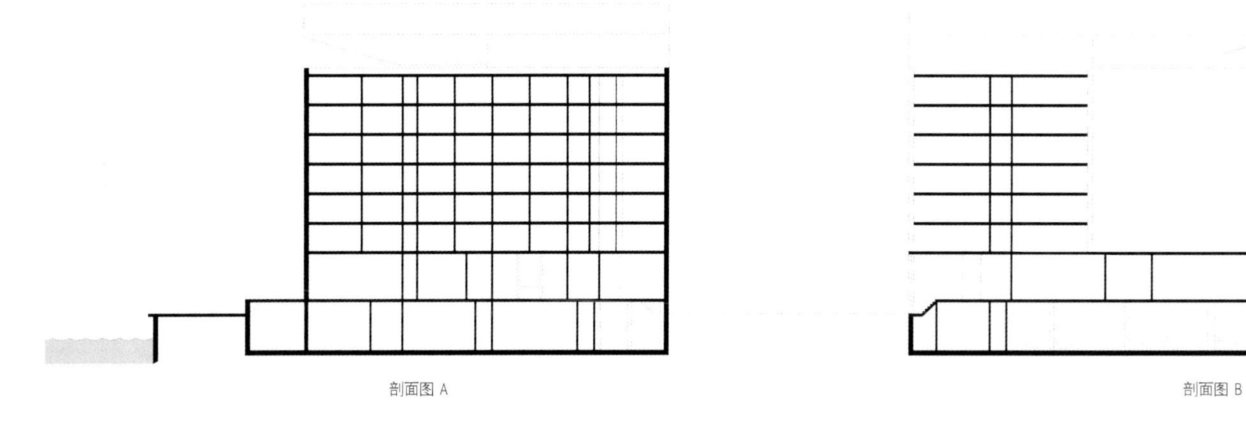
剖面图 A

剖面图 B

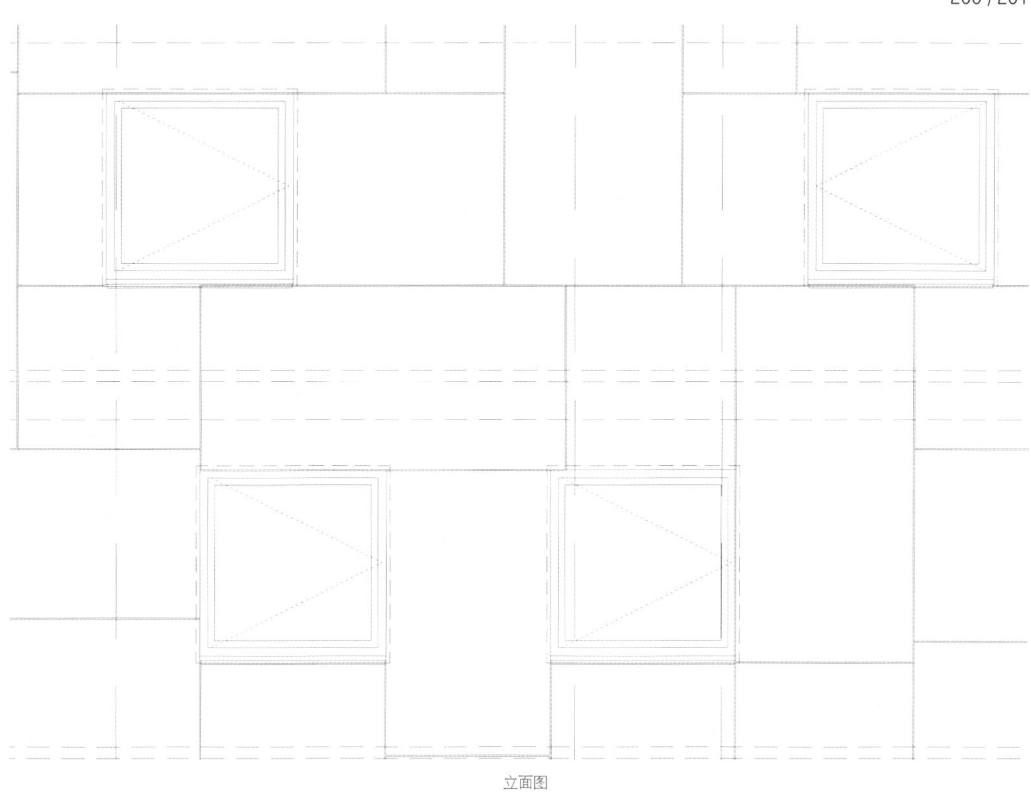

立面图

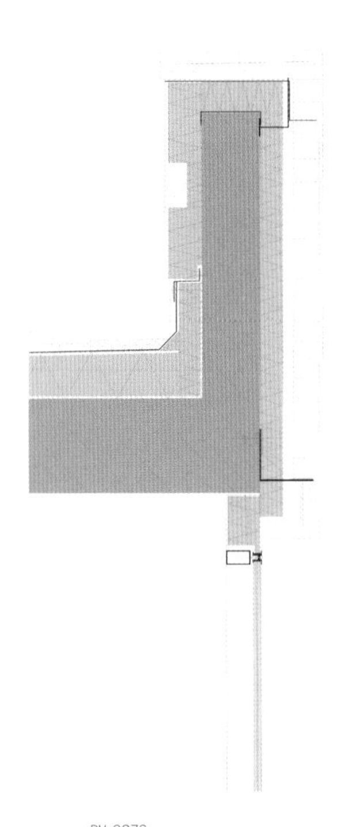

BV 3873
柏林纽沃酒店设计图
立面细部图与垂直截面图 1

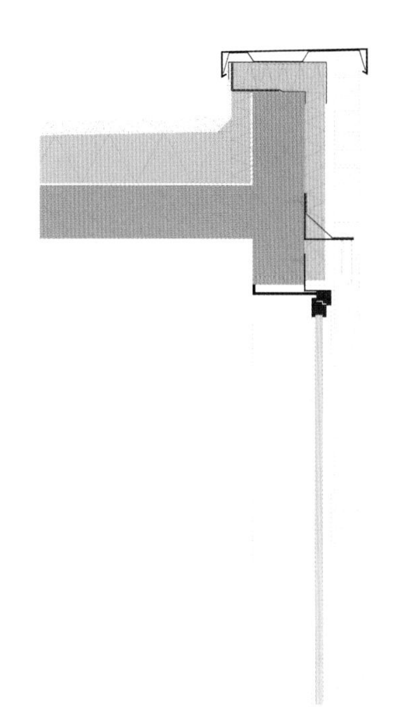

BV 3873
柏林纽沃酒店设计图
立面细部图与垂直截面图 2

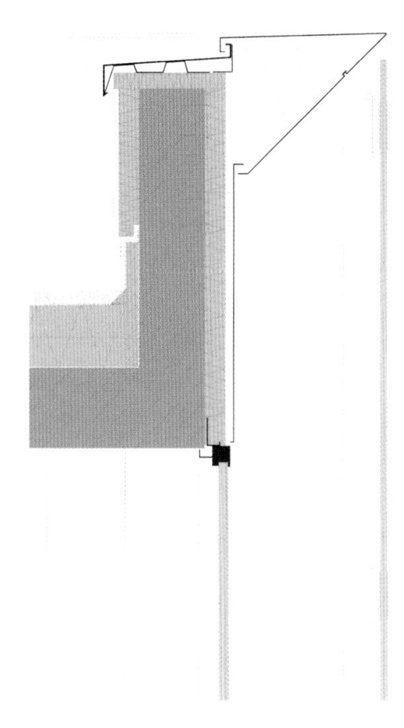

BV 3873
柏林纽沃酒店设计图
立面细部图与垂直截面图 3

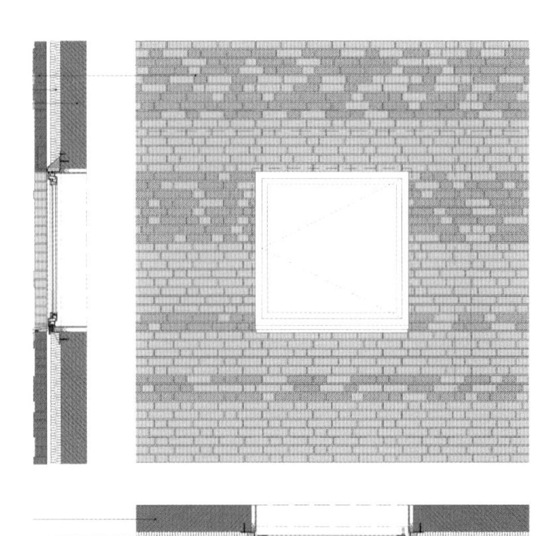

砖墙立面细部图

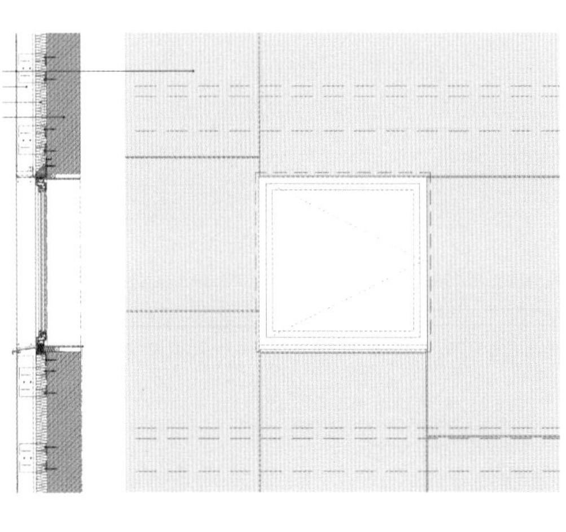

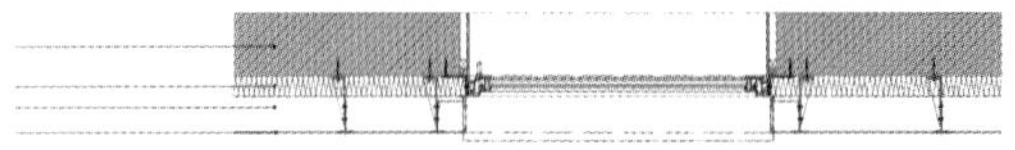

立面细部图

伊罗达海滩游艇俱乐部别墅群

设计公司：大卫・马库洛建筑师事务所
设 计 师：大卫・马库洛
项目时间：2008年7月
项目地点：希腊克里特岛
占地面积：5 000平方米
建筑面积：3 000平方米
总楼面面积：5 500平方米
摄 影 师：恩里克・卡诺，意大利

伊罗达海滩酒店位于希腊克里特岛上一个风景优美的海边区域，是世界领先的酒店品牌之一。项目用地宽阔并具有私密性，既能够获得爱琴海和地平线的优美景观，又可以利用海湾独特的天然庇护作用。该别墅群项目采用当代建筑风格，旨在将周边环境元素彼此联系在一起，实现一种连接作用，同时使陆地与海洋之间的界线变得模糊。

这些别墅位于克里特岛东北海岸，朝向优美的海面，就像许多停靠在海边的游艇，同时为陆地一侧的城市环境注入新鲜活力。建筑之间新建的道路能够获得开放的海面景观，专门缩小了这些街道的尺寸，以一种现代方式与海岸村庄中原有的街道相呼应。

每个单元的庞大体量采用圆滑的表面和45°倾斜墙面，有效控制了建筑的进深，仿佛一道新建的人工景观，将两种不同环境彼此联系在一起。

建筑外墙采用天然深灰色石材装饰，与当地环境相协调；而室内采用木材和皮革等天然材料装饰，为人们提供一种丰富的空间感，并且与自然环境之间实现了良好的平衡。

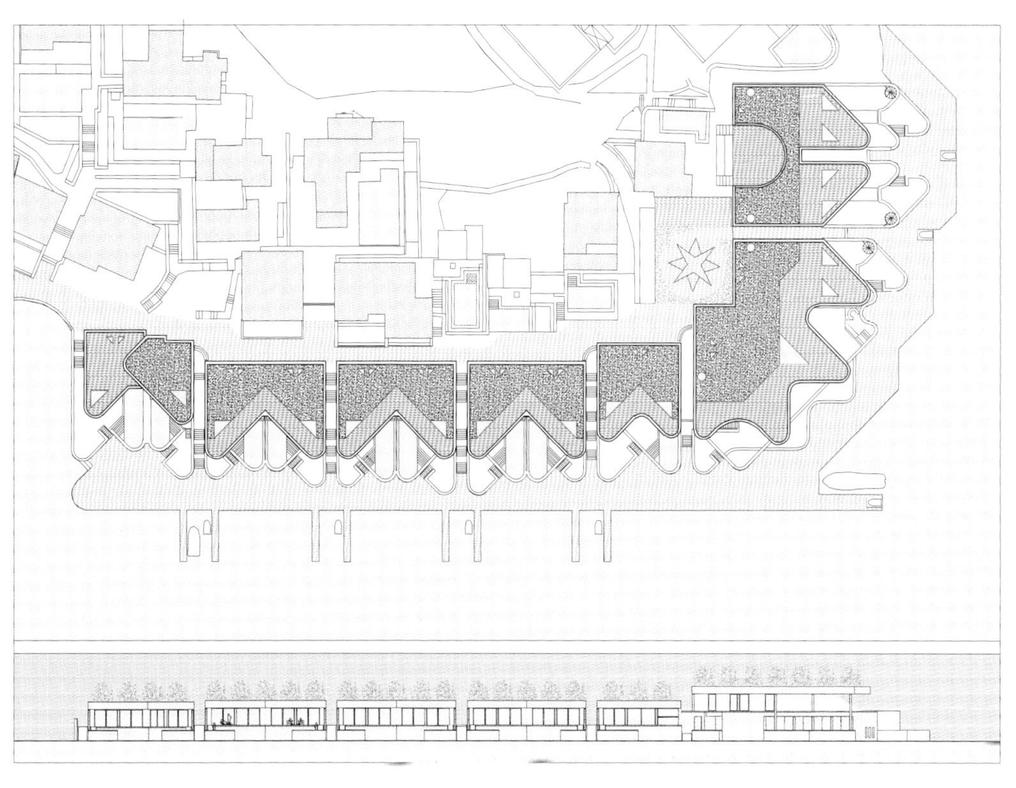

总平面图及立面图

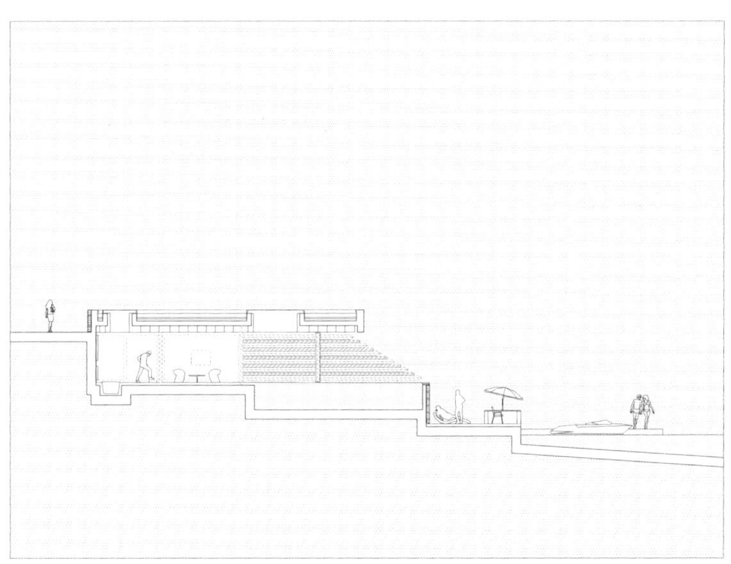

剖面图 1

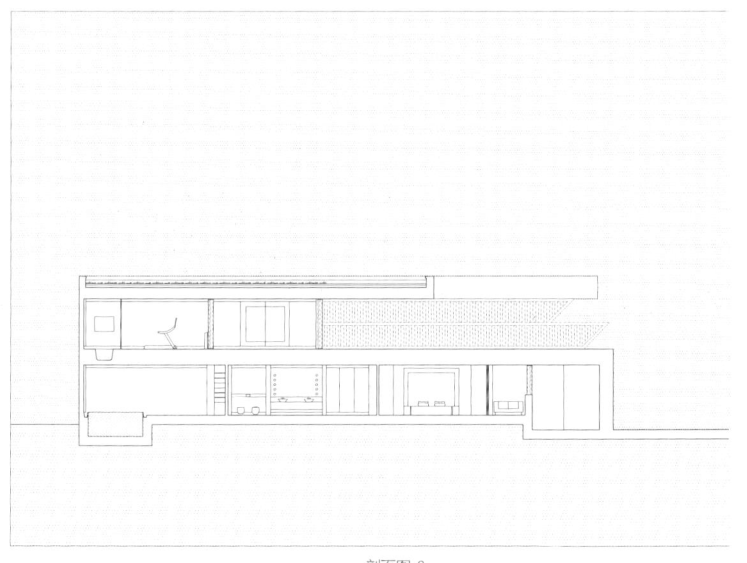

剖面图 2

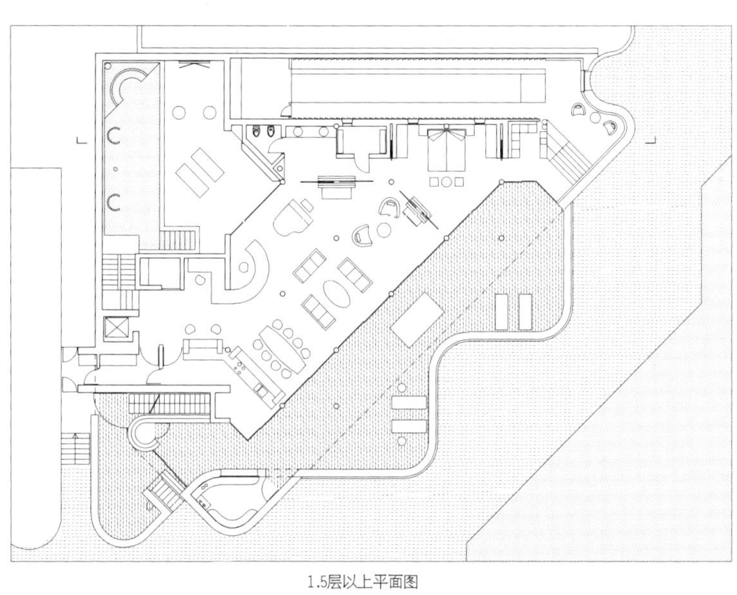

1.5层以上平面图

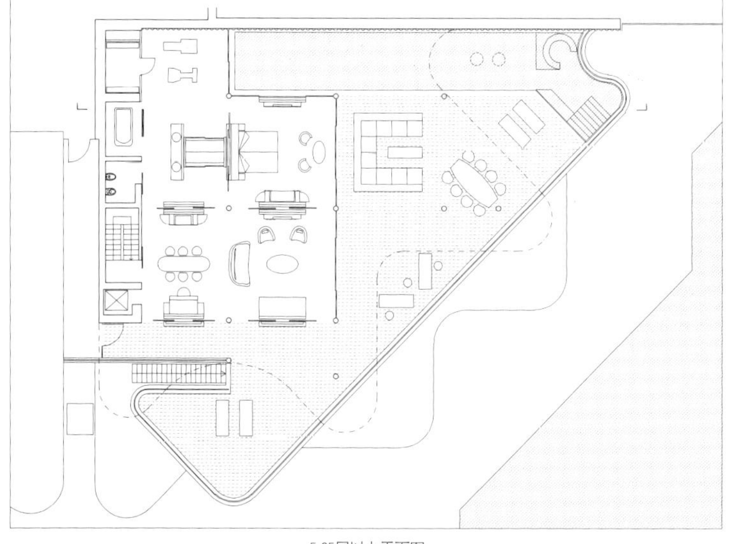

5.05层以上平面图

SEA PRINCE

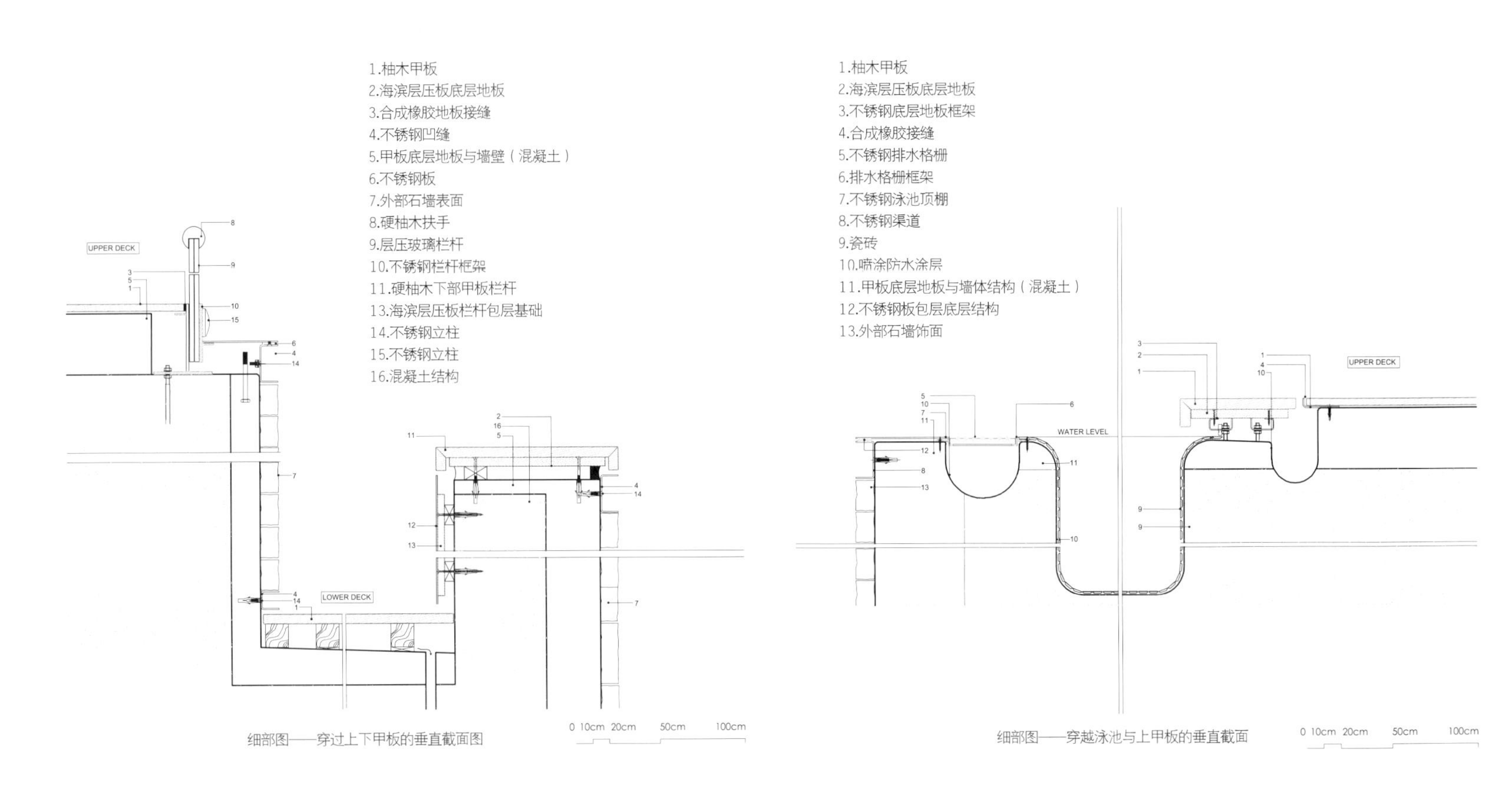

细部图——穿过上下甲板的垂直截面图

细部图——穿越泳池与上甲板的垂直截面

1.透明钛合金包层
2.带有钛合金面层的PVC带
3.紧固件
4.玻璃纤维基材
5.预制混凝土墙

1.排水格栅
2.下水道
3.贴有瓷砖的泳池内壁
4.水泥砂浆墙面/地面
5.混凝土实墙
6.外部石墙
7.不锈钢渠道
8.不锈钢盖板

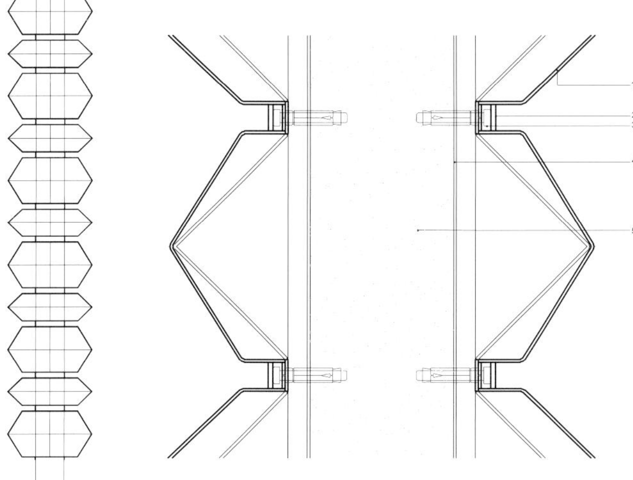

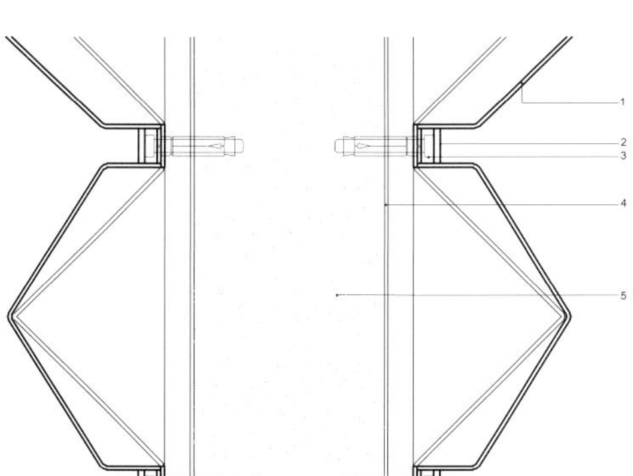

细部图——穿越钛合金隔墙的垂直截面

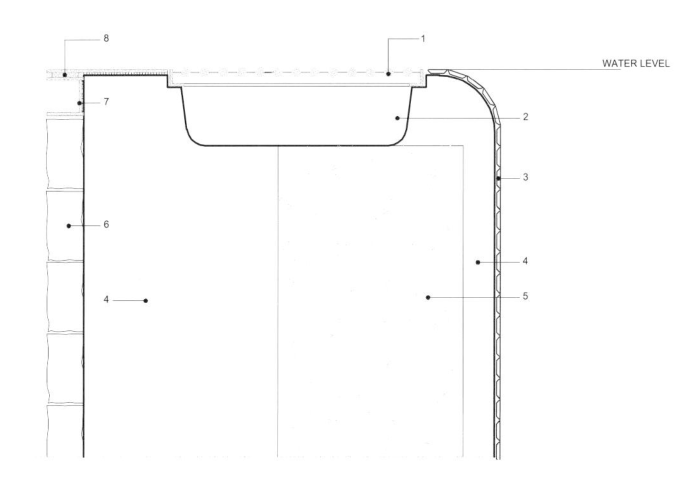

细部图——穿越泳池排水管道的垂直截面

1.现有混凝土屋顶结构
2.吊杆
3.给水管道
4.悬挂钢板框架
5.淋浴喷头
6.彩色玻璃（白色）
7.大理石内墙
8.酸蚀玻璃
9.可丽耐人造石与钢制长椅
10.搅拌器与阀门
11.大理石台阶
12.可耐福安耐板
13.钢木混合框架
14. 10mm可丽耐人造石长椅
15.不锈钢长椅支座

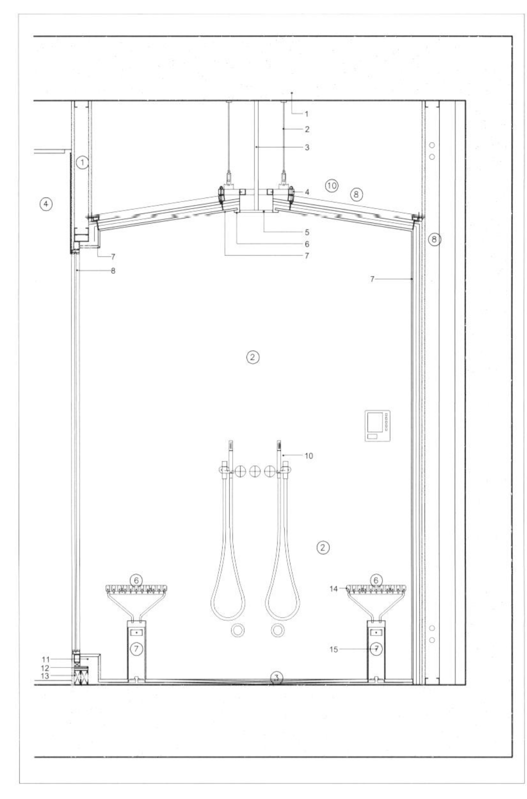

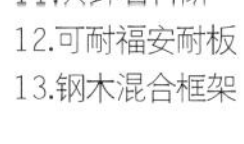

细部图——穿越洒水系统的垂直截面 1

1.现有混凝土屋顶结构
2.吊杆
3.给水管道
4.悬挂钢板框架
5.淋浴喷头
6.彩色玻璃（白色）
7.大理石内墙
8.酸蚀玻璃
9.钢制长椅
10.大理石地板
11.大理石台阶
12.可耐福安耐板
13.钢木混合框架

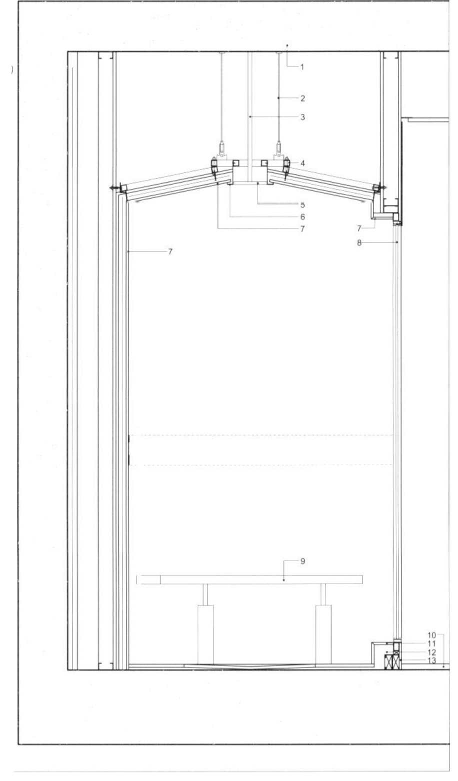

细部图——穿越洒水系统的垂直截面 2

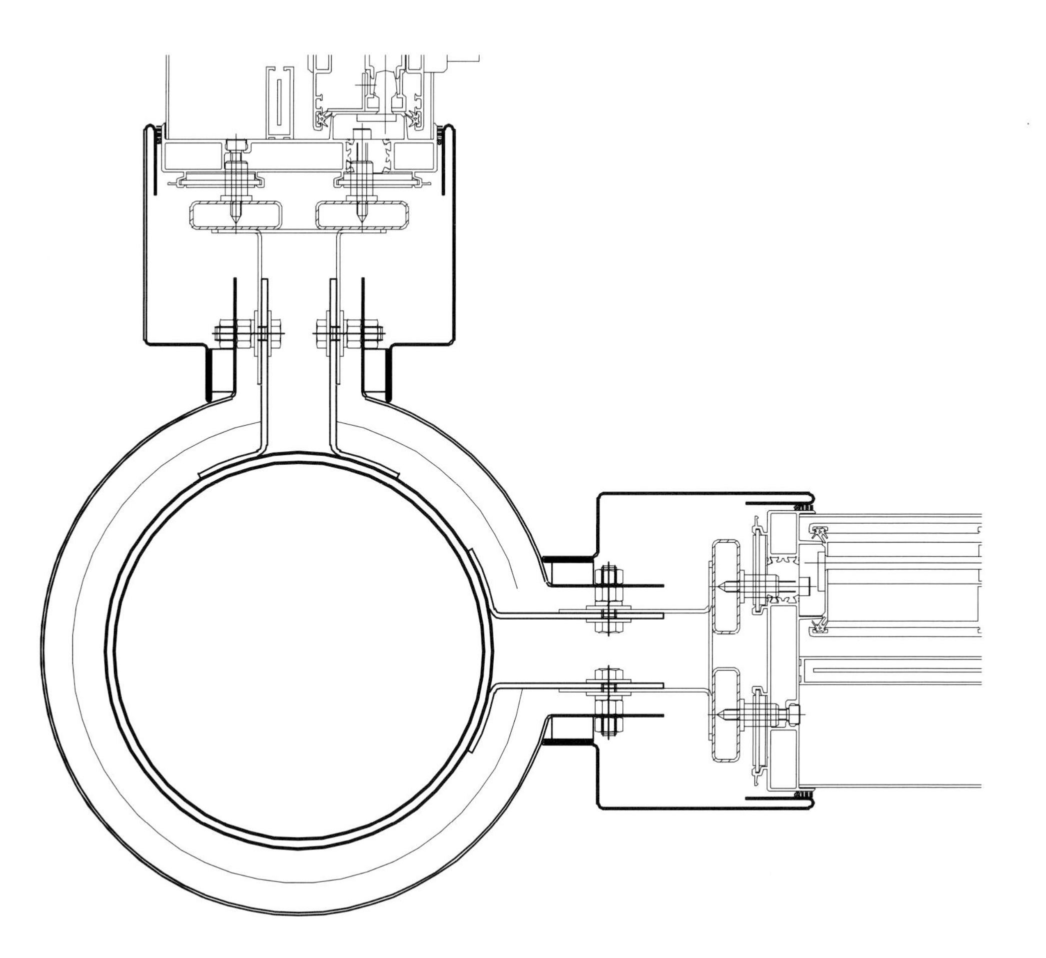

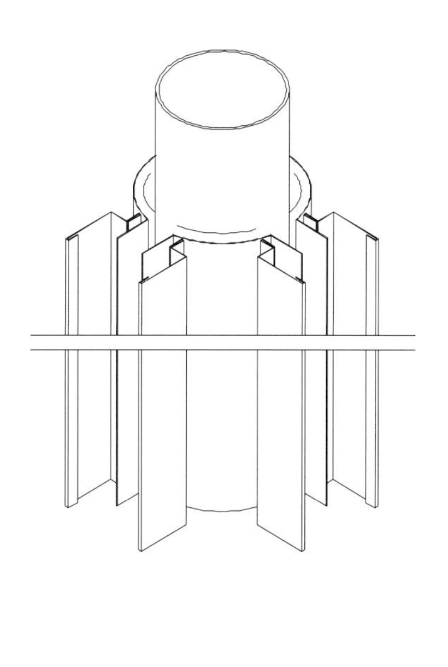

细部图——穿越角柱轴测水平截面

摩洛哥风情别墅酒店

设计公司：弗朗西斯海岸景观设计事务所
项目时间：2009年
项目地点：黎巴嫩贝鲁特市
项目面积：8 000平方米
摄 影 师：法雷斯・詹马尔

一系列主题花园和天然石材铺砌的庭院在这个多哈别墅的底层空间成功打造出多种不同风格的居住空间。每个空间拥有不同的特点和气氛，同时又形成一个有机整体。这些流线型区域实现了空间连续性，而这种空间连续性通过贯穿整个景观的水景得到进一步放大，并在毗连的泻湖上光闪闪的湖水中达到顶点。

各花园之间采用对称的线性布局，进一步补充了别墅中的摩洛哥风情特点，在内外建筑结构之间实现了罕见的平衡效果。各种户外元素采用相同的布局类型，如这里设置了一个正方形花坛，那里就会出现一个星形喷泉。

整个项目的中央是一个朝向泻湖的主要水景元素，共设三级。顶部是一个巨大的圆形极可意浴池，水流从浴池中溢出后流入下面的泳池。人们在泳池里透过木质凉棚，可以欣赏到独特而优美的泻湖景观。蓝色的矩形无边泳池的一端形成一个小瀑布，将溢出的水流收集到下方一个细长的渠道中。与这条渠道同等高度的地方还设有一个独特的半遮阳式安达卢西亚式水道，端部是一个优美的八角形喷泉。成排的棕榈树威严地站立在两旁，形成一道优美的景观。台阶前面是一个如镜般的水池，一直通向海滩，随着一天中太阳的移动，水池有时映衬出泳池的蓝色，有时映衬出泻湖的清澈水面。

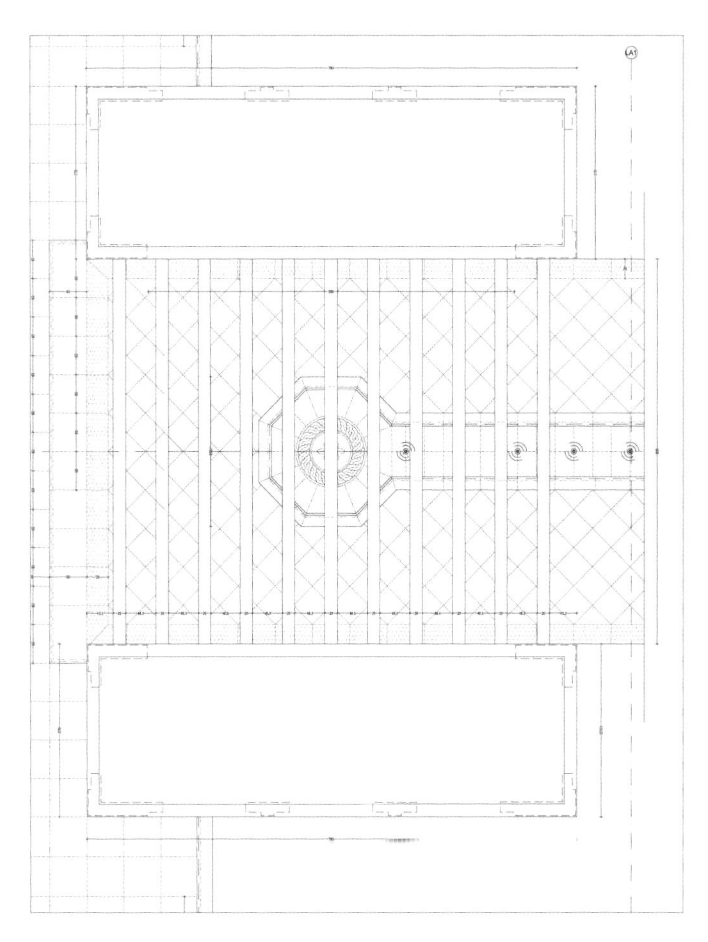

尽管这里的景观以水池的深蓝色和树木的翠绿色为主要色调，但是在近距离观看时，人们会在不同位置发现特殊的色彩效果。一颗古老的橄榄树下拥有一片优美的红色鲜花，一排棕榈树的末端种有迷人的粉色樱花，一些多叶鲜花也处于盛开的季节……

该项目的独特之处不仅在于大型景观元素之间的巧妙配合，而且还应归功于众多细节设计。人们在穿过这些花园时一定会惊讶花园是如何将所有事物都包含其中的。人们总是能够发现新奇的东西：喷泉喷嘴处的精致石框、秘密花园的神秘色彩或者其他一些等待人们去发现的惊喜。

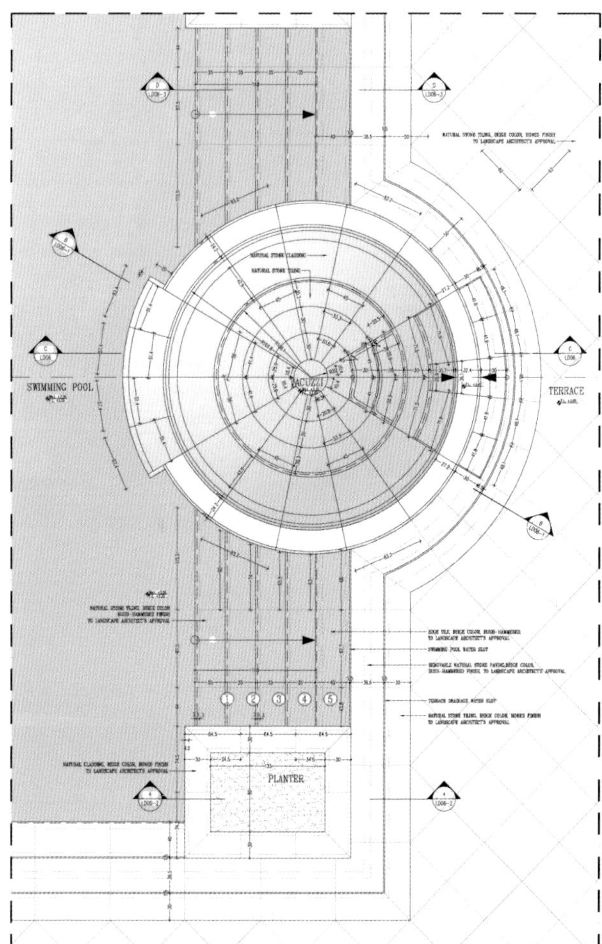

极可意浴缸与泳池楼梯平面图

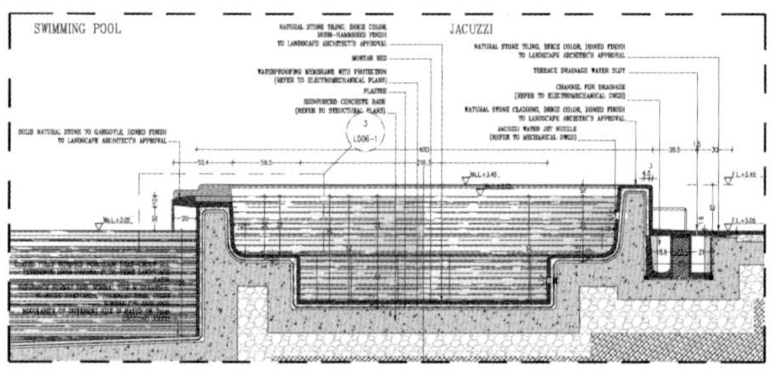

极可意浴缸细部截面图 A

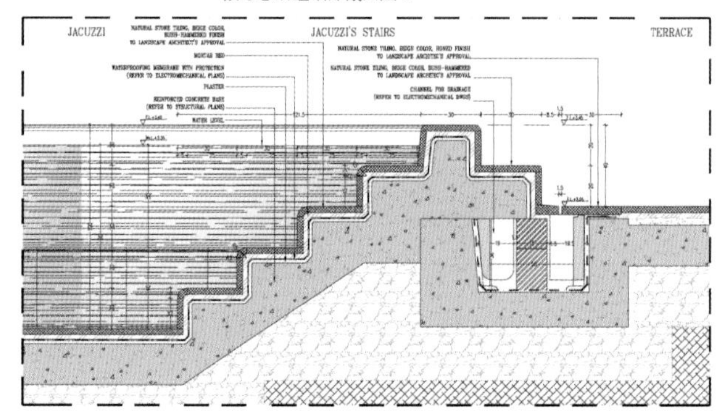

极可意浴池瀑布细部图1

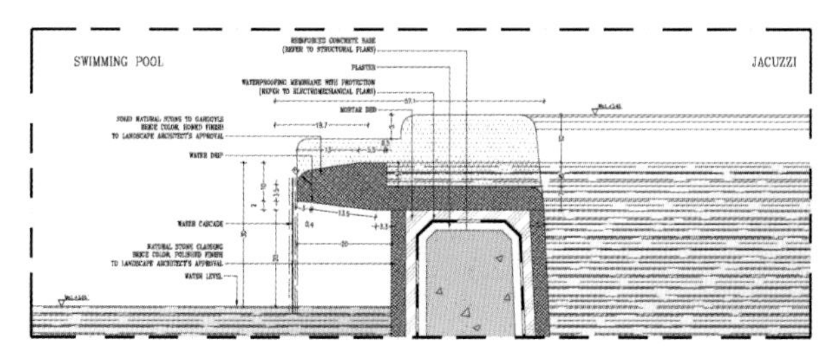

极可意浴池瀑布细部图2

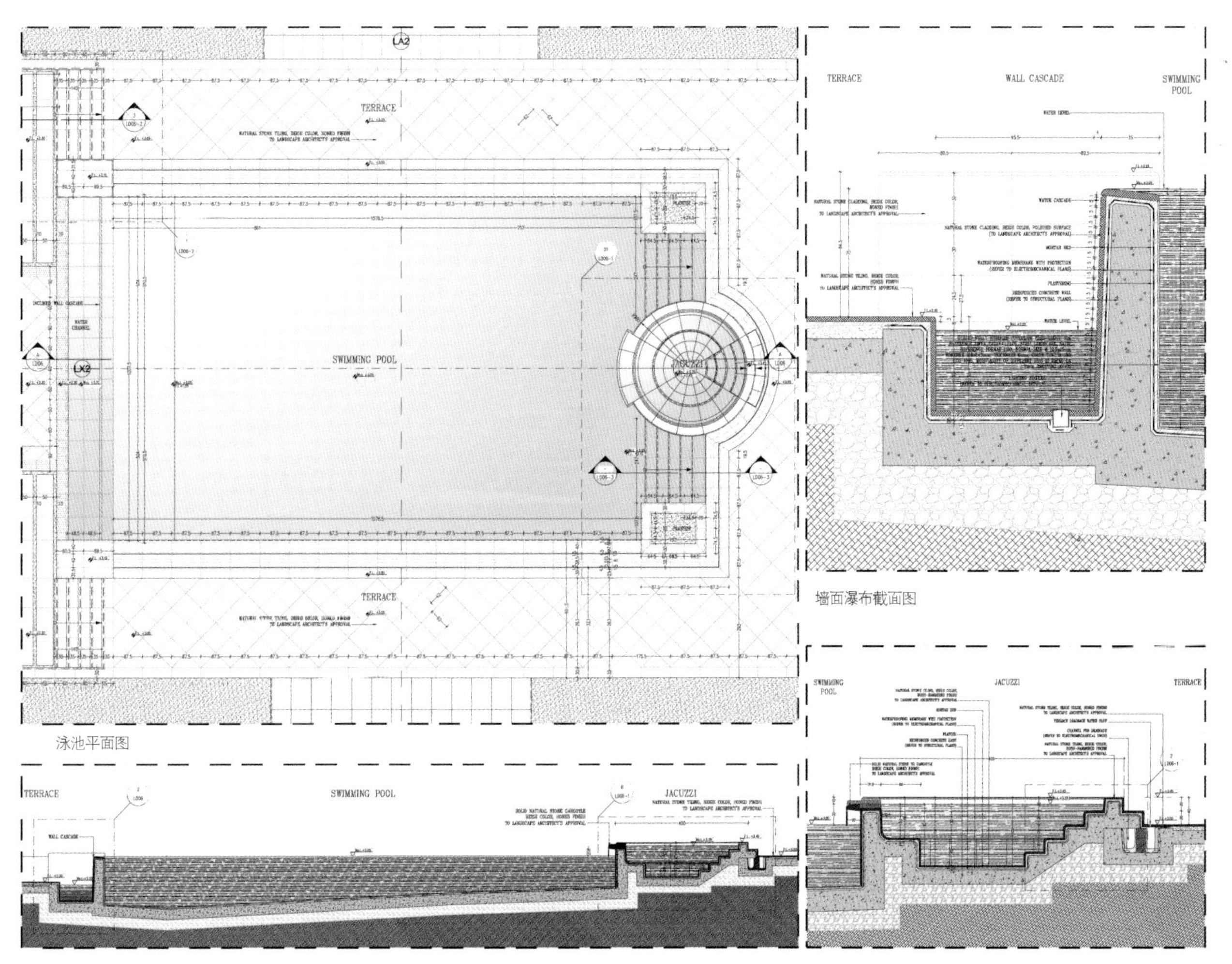

泳池平面图

墙面瀑布截面图

泳池截面图 A-A

极可意浴缸细部——截面图 B

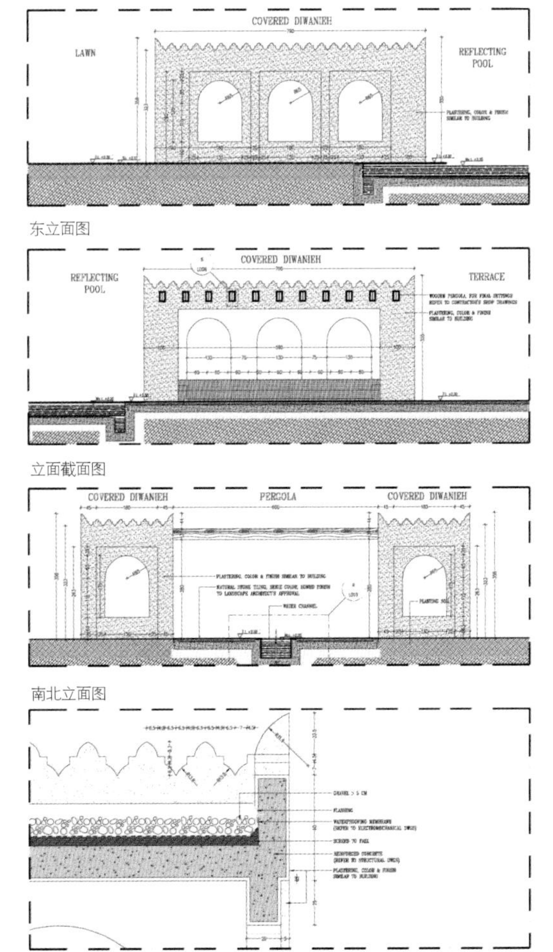

东立面图

立面截面图

南北立面图

山墙截面细部图

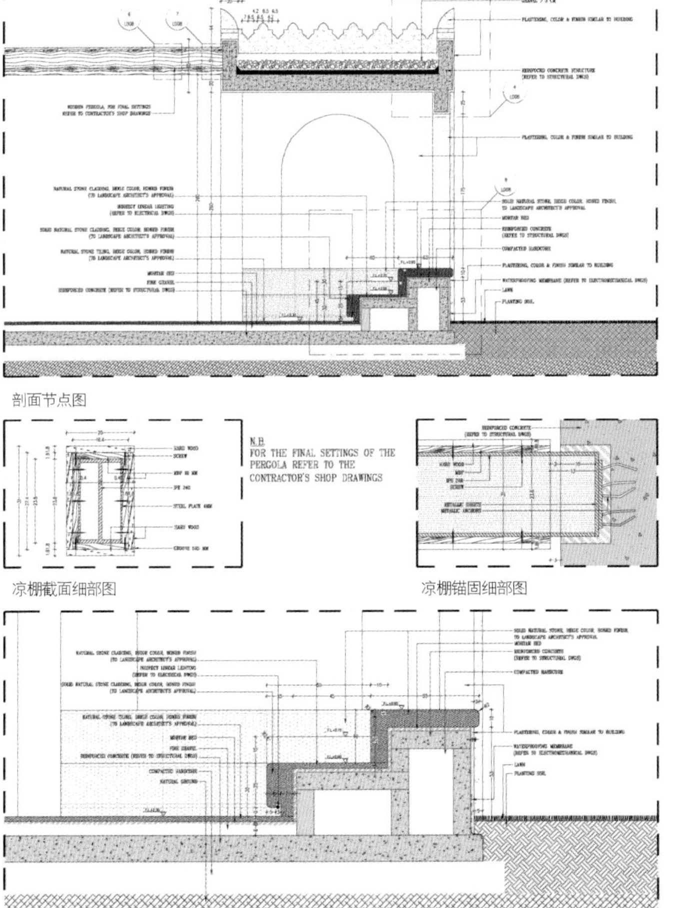

剖面节点图

凉棚截面细部图

凉棚锚固细部图

嵌入式长椅截面细部图

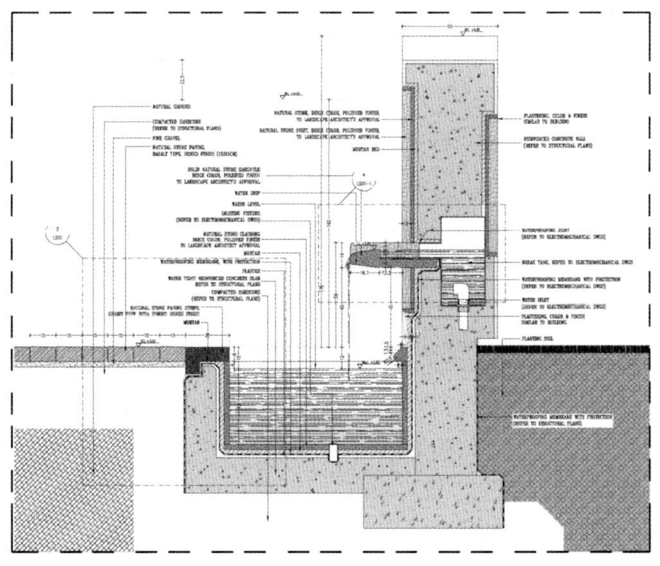

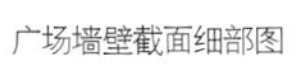
广场墙壁截面细部图

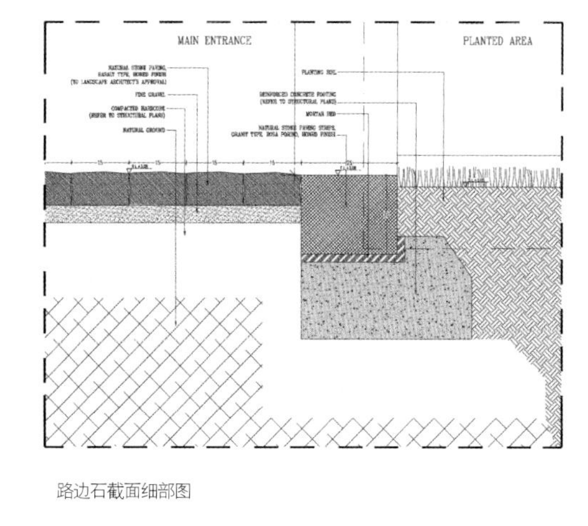

路边石截面细部图

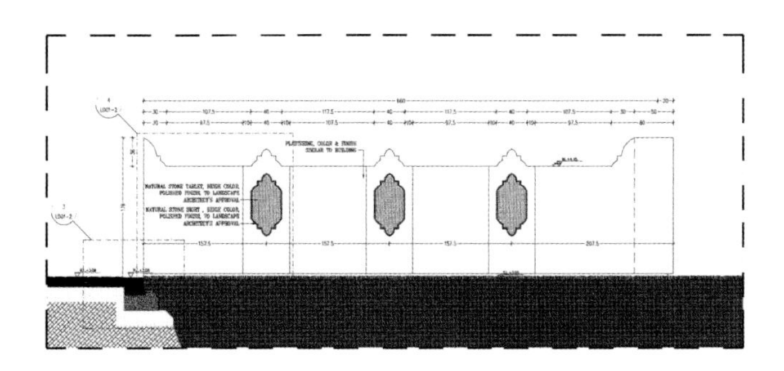
广场后墙正面图

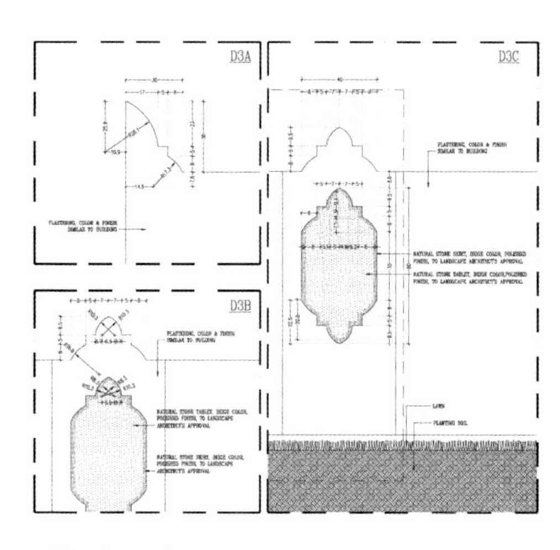

装饰图案——细部图

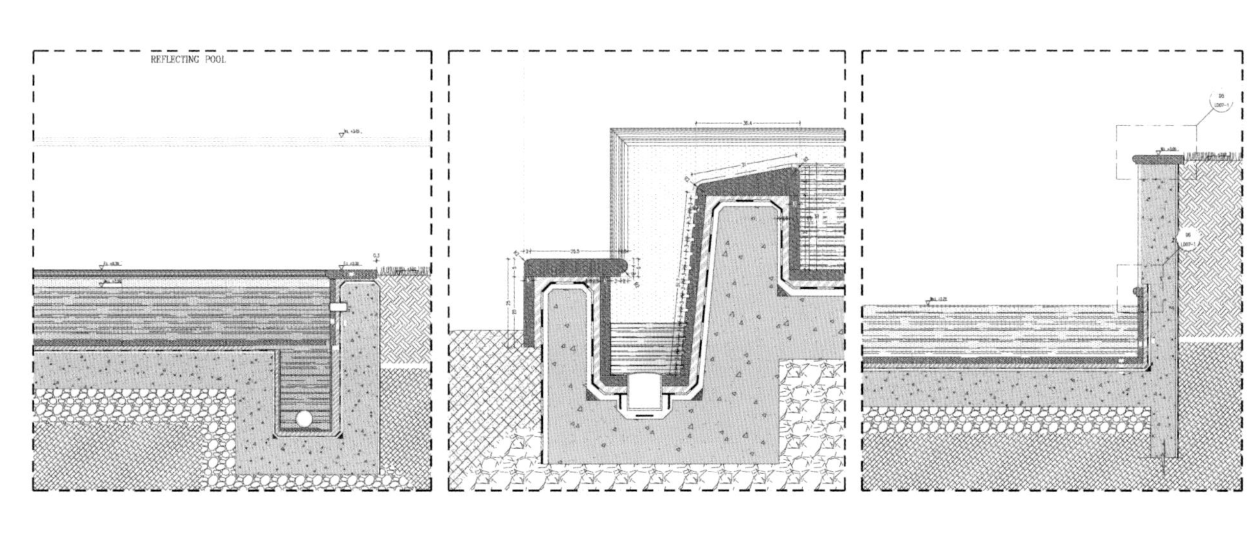

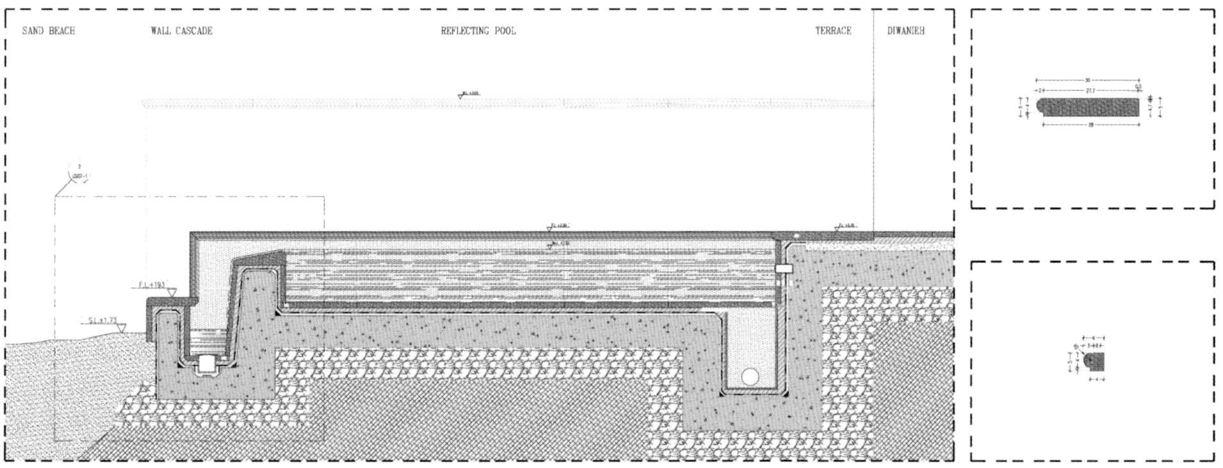

节点图

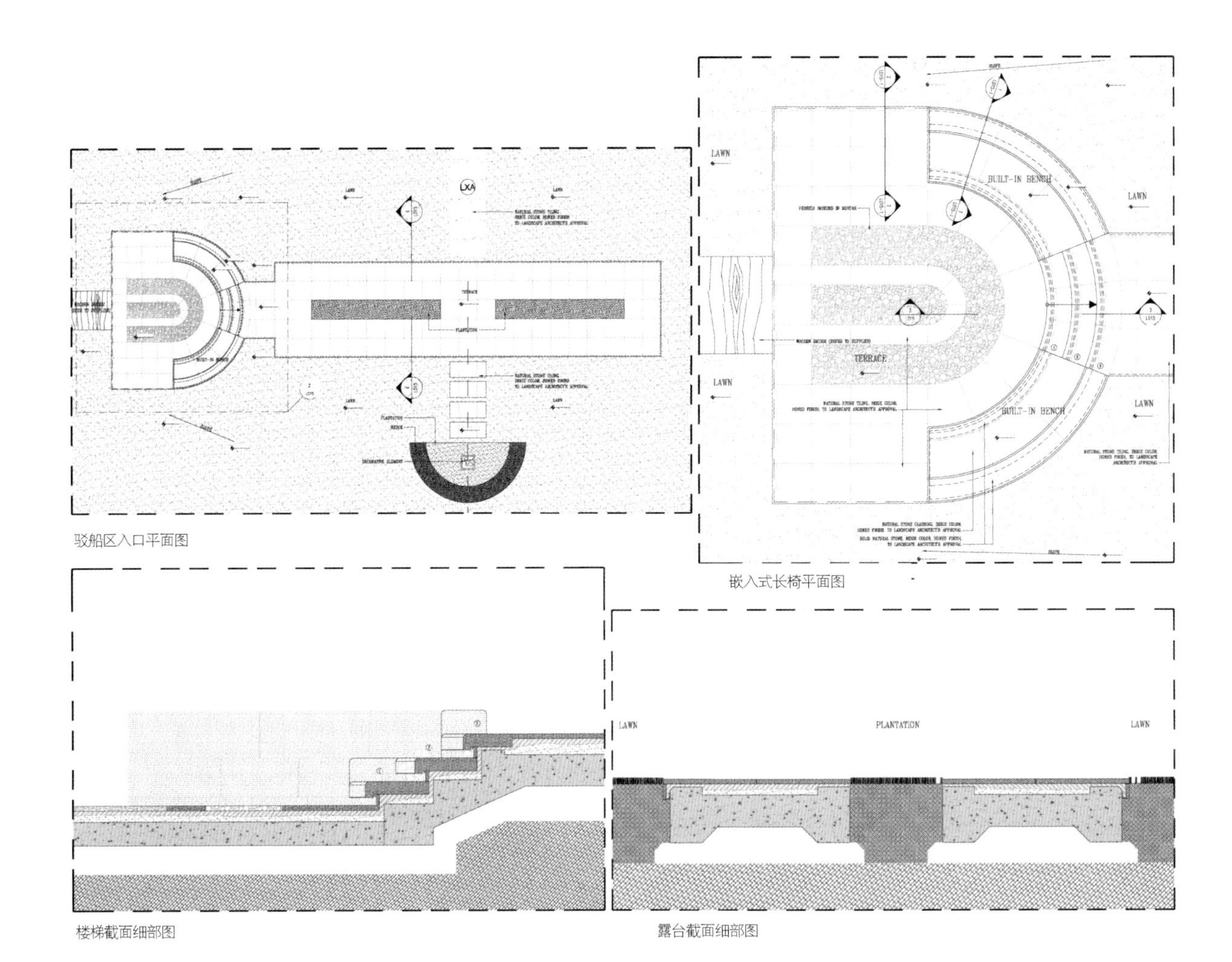

驳船区入口平面图

嵌入式长椅平面图

楼梯截面细部图

露台截面细部图

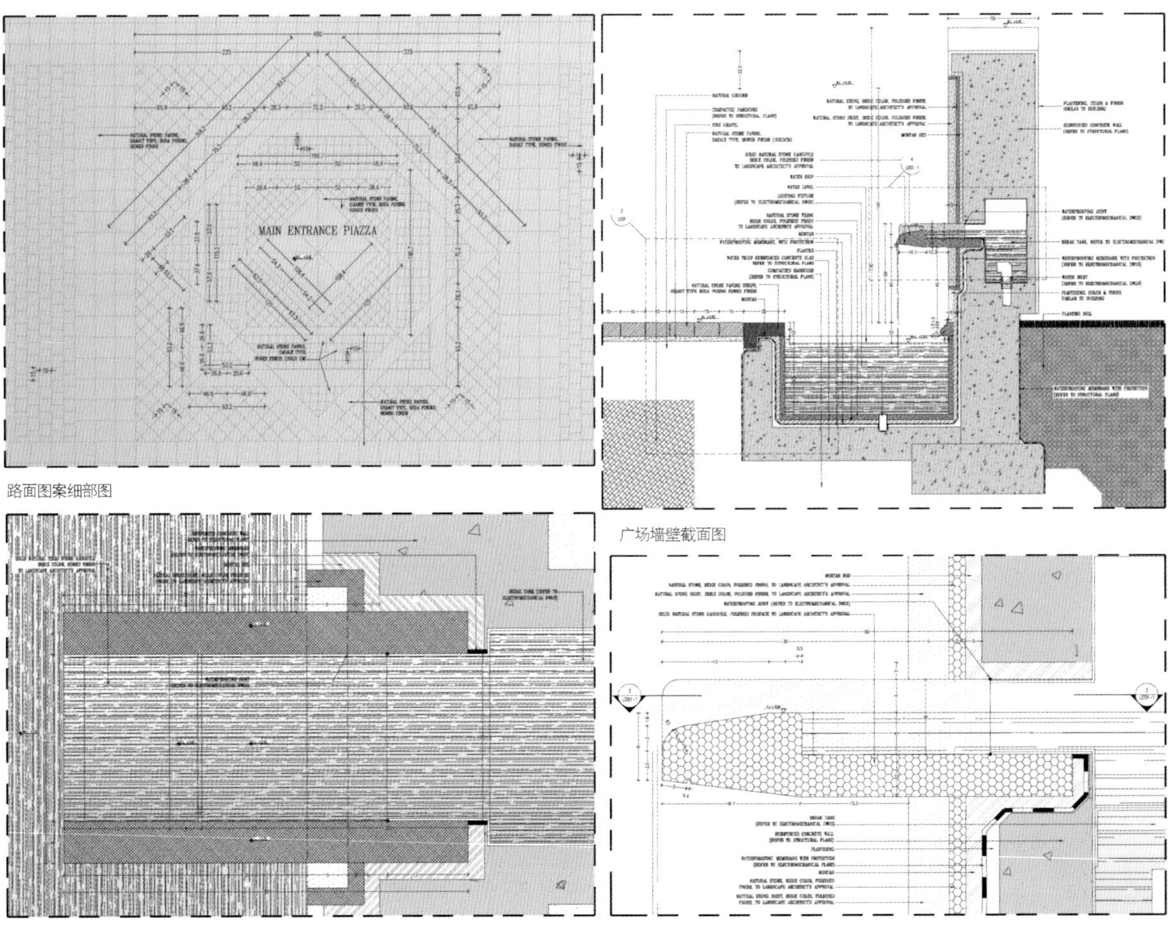

路面图案细部图

广场墙壁截面图

怪兽状滴水嘴平面图

怪兽状滴水嘴截面图

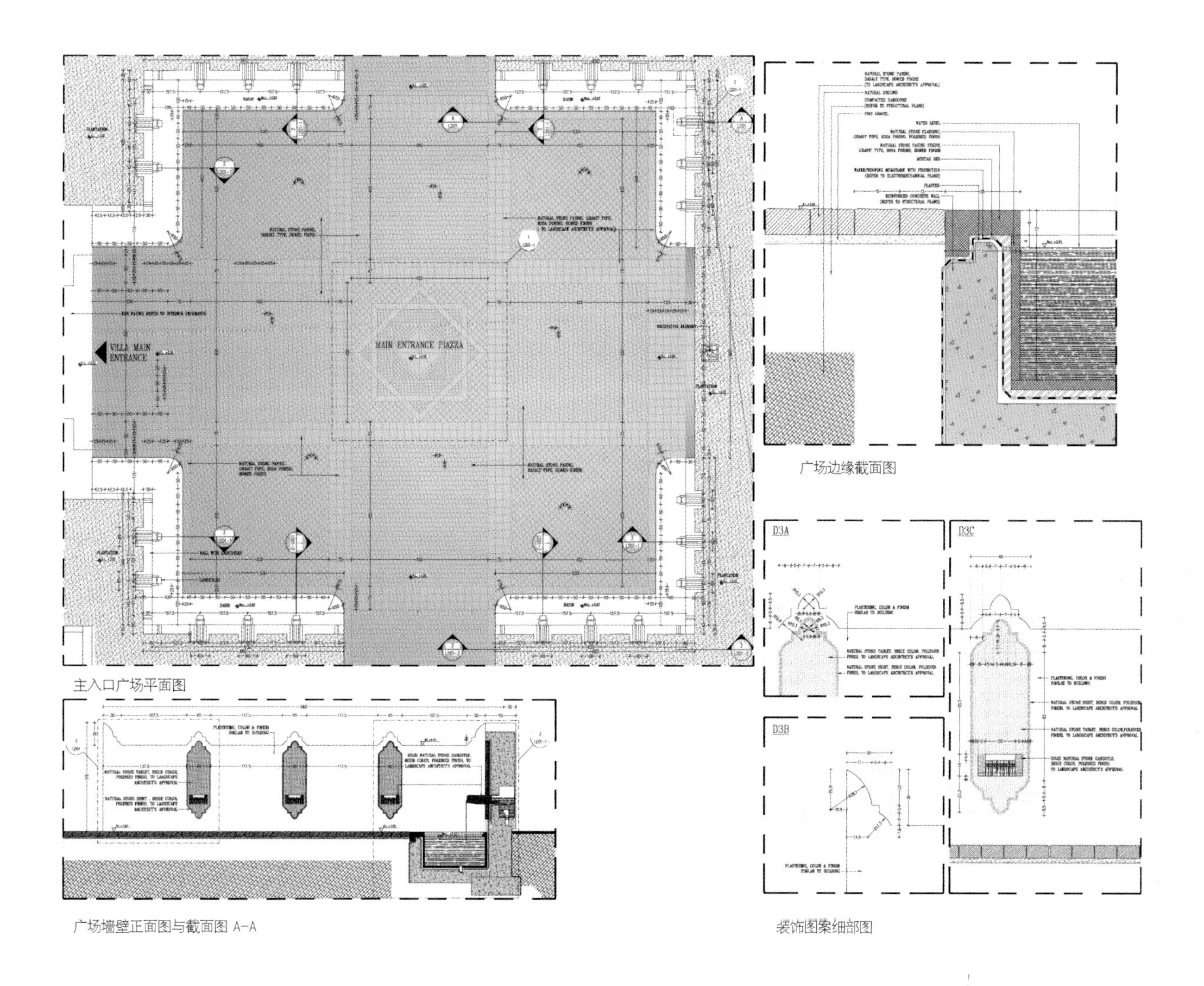

主入口广场平面图

广场边缘截面图

广场墙壁正面图与截面图 A-A

装饰图案细部图

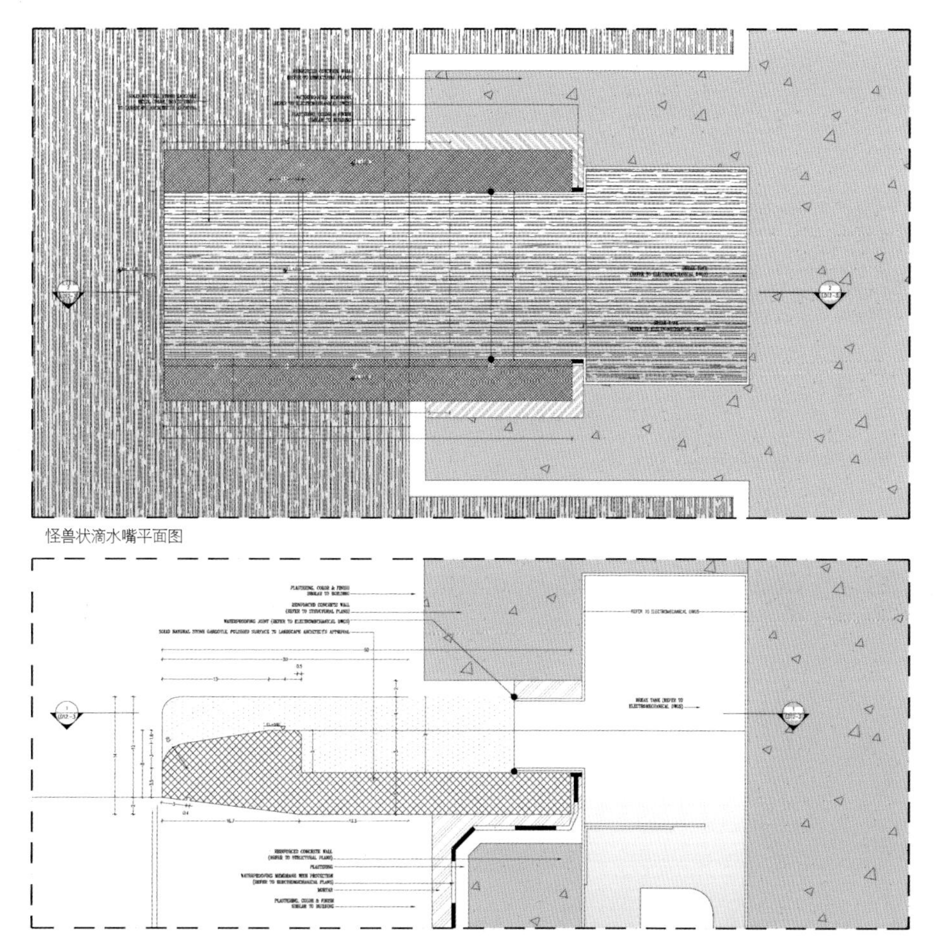

怪兽状滴水嘴平面图

剖面图 A-A

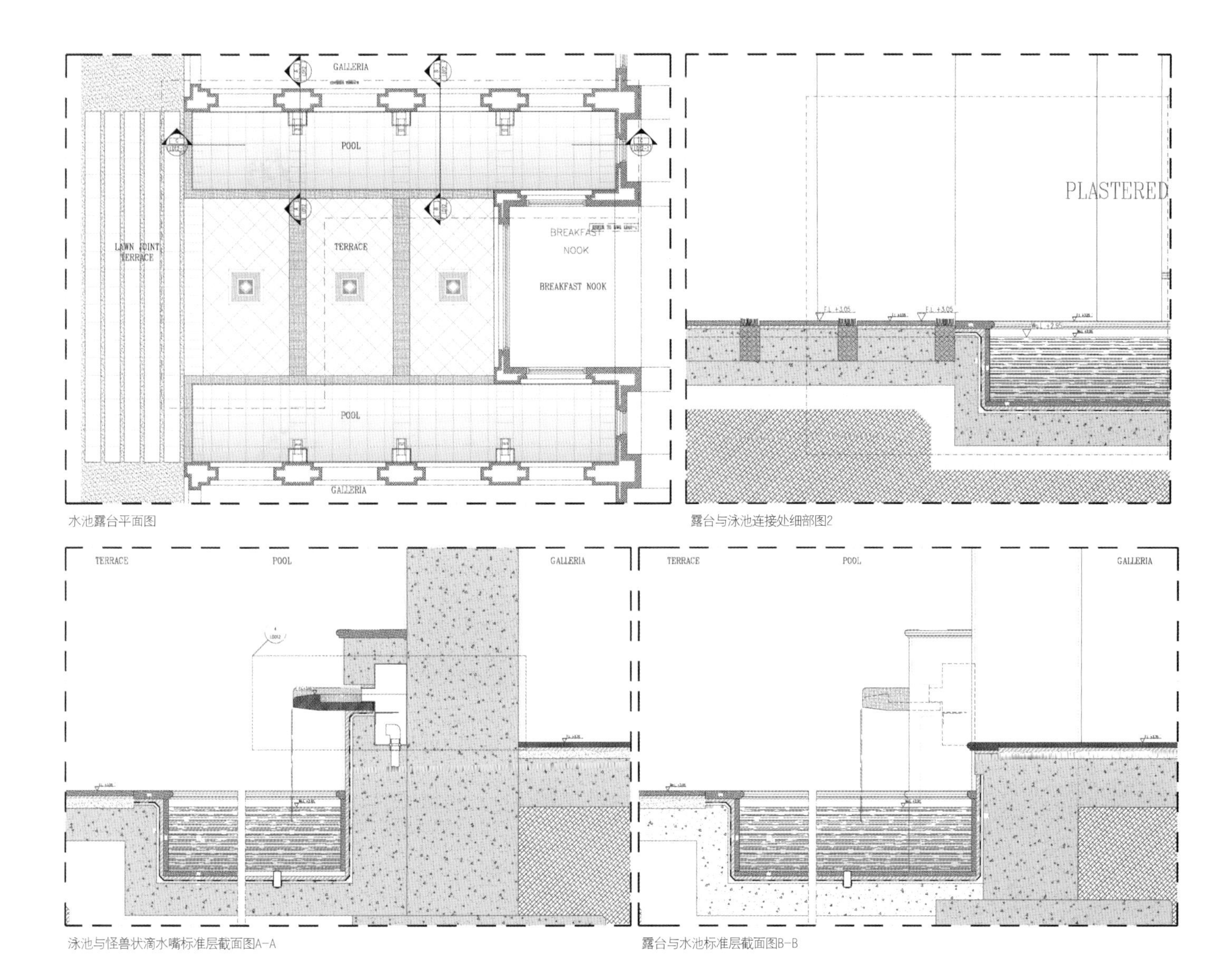

水池露台平面图

露台与泳池连接处细部图2

泳池与怪兽状滴水嘴标准层截面图A-A

露台与水池标准层截面图B-B

弗兰德豪斯生态酒店

设计公司：瑞恩托弗特设计事务所
项目时间：2009年
项目地点：乌克兰第聂彼得罗夫斯克市奥廖尔河
项目面积：34 000平方米
摄 影 师：安德雷·阿维德恩科

弗兰德豪斯生态酒店位于奥廖尔河畔森林旅游区内一个占地3公顷的地块上，距第聂彼得罗夫斯克市仅30公里。该酒店是一个单层建筑群，由露天庭院、停车场、露台、花园和公园等区域组成（建筑面积1 750平方米）。在工程放线期间，对区域环境进行了生态分析，并且考虑了地球能源信息域等概念。在细部设计上，建筑周围由野生动植物环绕。

该项目广泛采用黏土、芦苇和木材等无害生态材料，建筑主体采用木材和贝壳石建造而成。屋盖板将所有茧状房间统一成一个整体。所有家具和照明设施全部由该项目设计公司瑞恩托弗特设计事务所设计完成。

建筑外墙与森林和河水等自然元素相互融合，形成一道独特的自然景观。

苹果园是该生态酒店的另外一个特色。这里曾经流传着这样一段美丽的传说：一位善良的农场主每年要款待客人们两次，第一次是在春天果树开花的时候，第二次是在夏季收获苹果的变容节当天。

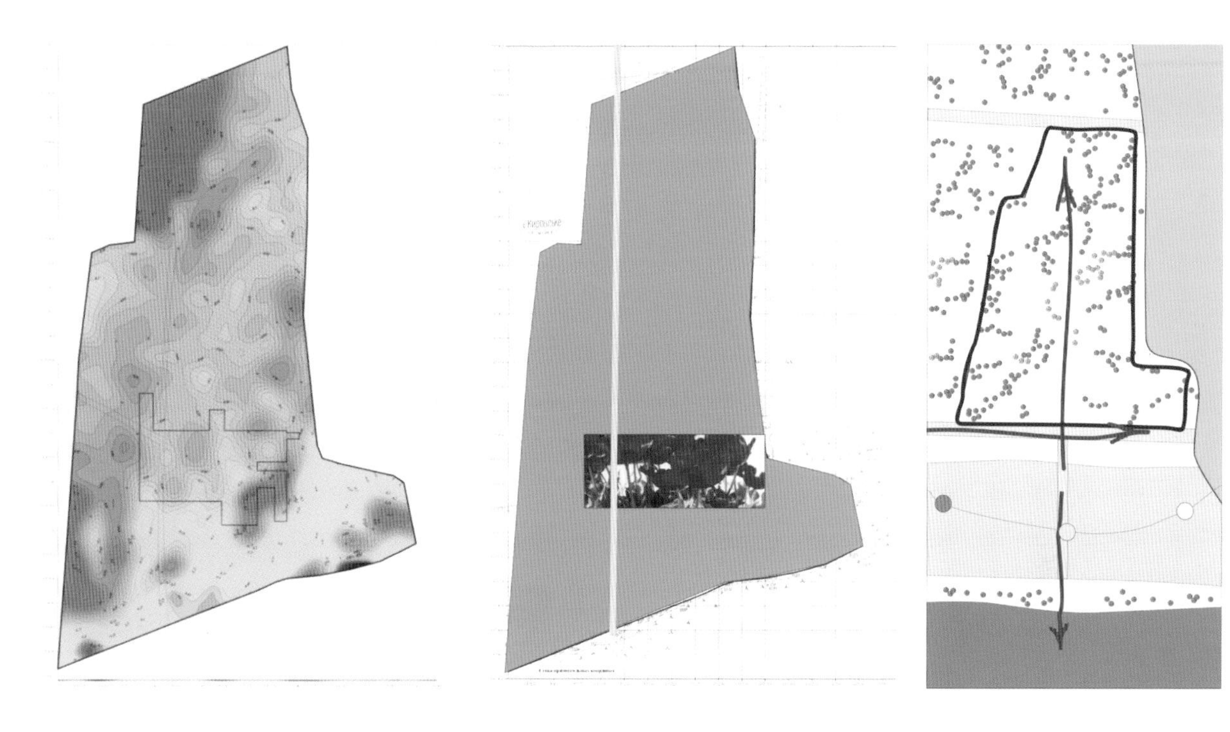

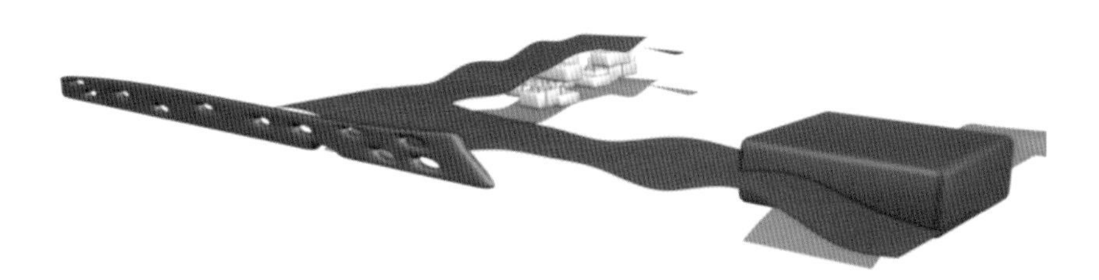

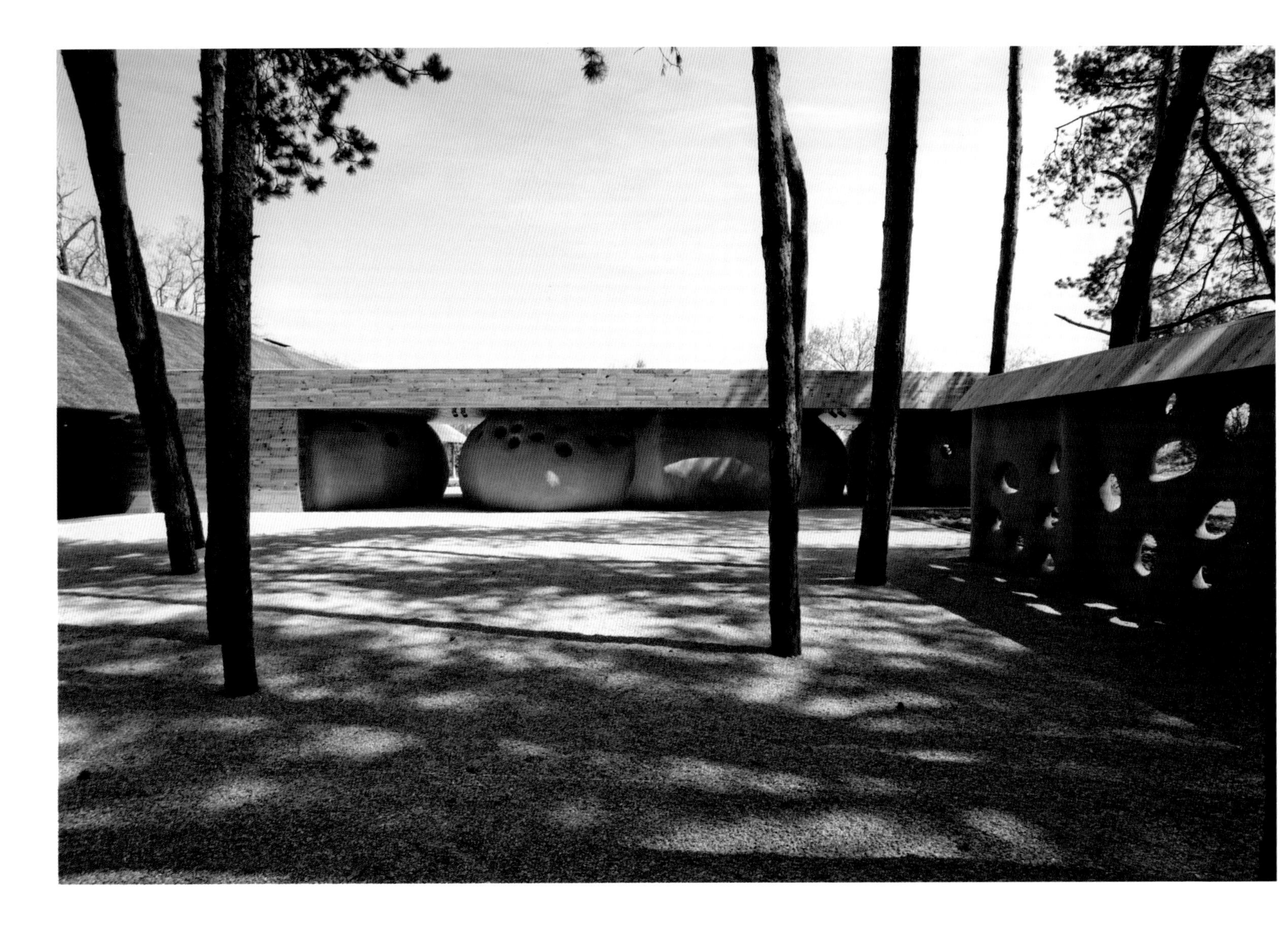

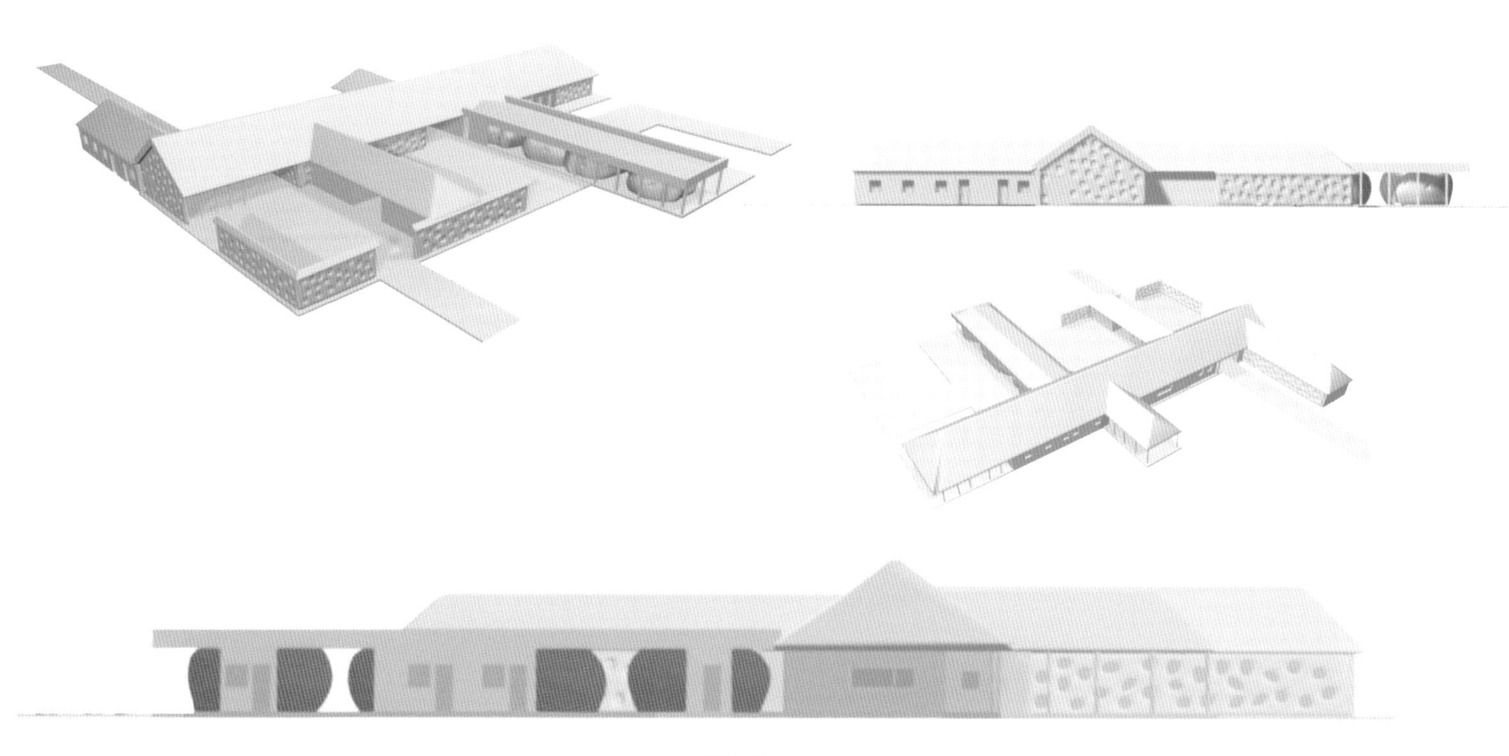

视野与透视图

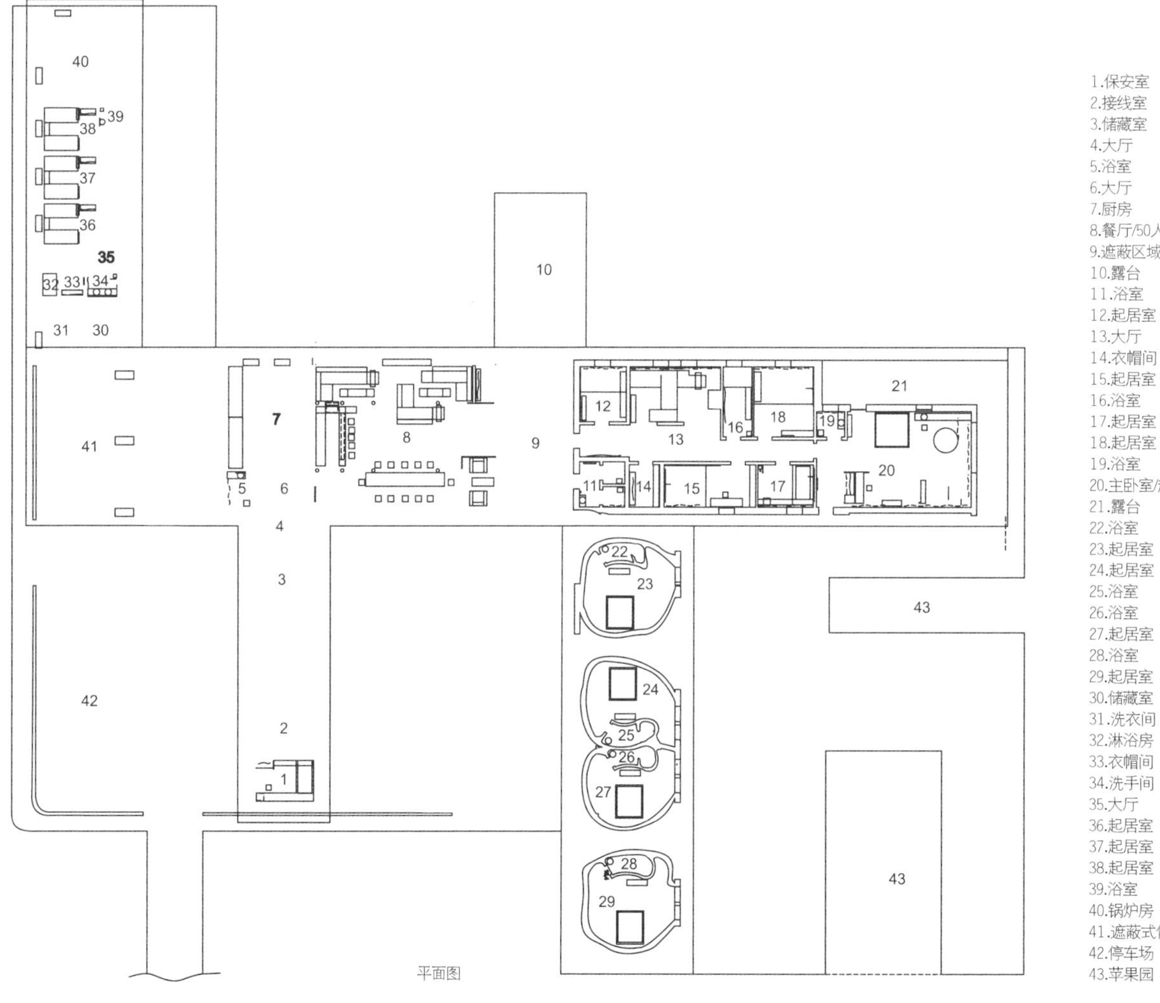

1.保安室
2.接线室
3.储藏室
4.大厅
5.浴室
6.大厅
7.厨房
8.餐厅/50人
9.遮蔽区域
10.露台
11.浴室
12.起居室
13.大厅
14.衣帽间
15.起居室
16.浴室
17.起居室
18.起居室
19.浴室
20.主卧室/起居室
21.露台
22.浴室
23.起居室
24.起居室
25.浴室
26.浴室
27.起居室
28.浴室
29.起居室
30.储藏室
31.洗衣间
32.淋浴房
33.衣帽间
34.洗手间
35.大厅
36.起居室
37.起居室
38.起居室
39.浴室
40.锅炉房
41.遮蔽式停车场
42.停车场
43.苹果园

平面图

班巴拉酒店

设计单位：KOZTI建筑师与工程师事务所波特阳迪工作室，彼得·波特阳迪
项目时间：2011年
项目地点：匈牙利费舍塔尔卡尼
项目面积：5 250平方米
摄 影 师：塔马斯·布耶诺维斯基

这个主题酒店共有54间客房，位于匈牙利东北部一块4万平方米的地块上，这里曾经是一个森林青年营。这个独立的酒店建筑周围环绕着高大的树木，建筑室内外空间使人们联想到东非地区的建筑风格，充分反映了业主客户东非地区的家庭背景关系。我们深入研究并分析了匈牙利和东非地区众多砖砌结构的建筑，并且对能够满足客户特殊要求的建筑方案进行了初步探索和研究，同时使建筑结构能够与匈牙利的自然环境相互融合。酒店的入住率以及客人们的反馈意见证明我们的选择是正确的。

设计工作的一个非常重要的部分是寻找最佳位置和建筑体量。我们不得不考虑太阳的运行轨迹、优美的自然环境、周围森林中一些高大树木的根系和树梢、将来的扩建、有效空间以及与酒店建筑相关的防火与卫生规范等。根据区域建筑总监的规划，建筑结构不得高于周围树木的树冠。然而，所有要求都已经得到了很好的满足。

酒店的开放和遮蔽的公共空间位于一块天然草坪上，通道和房间采用流线型布局，与庭院相互连接，并且穿过树木之间的开放空间一直延伸到森林深处。建筑体量根据自然下降的地形采用阶梯设计。

我们还必须慎重考虑建筑的细部设计，避免将其打造成一个没有立体感的舞台布景。

在干燥的西非地区，每年雨季过后必须对砖砌住宅的墙体进行重新抹灰。重新抹灰工作一般通过在建筑立面

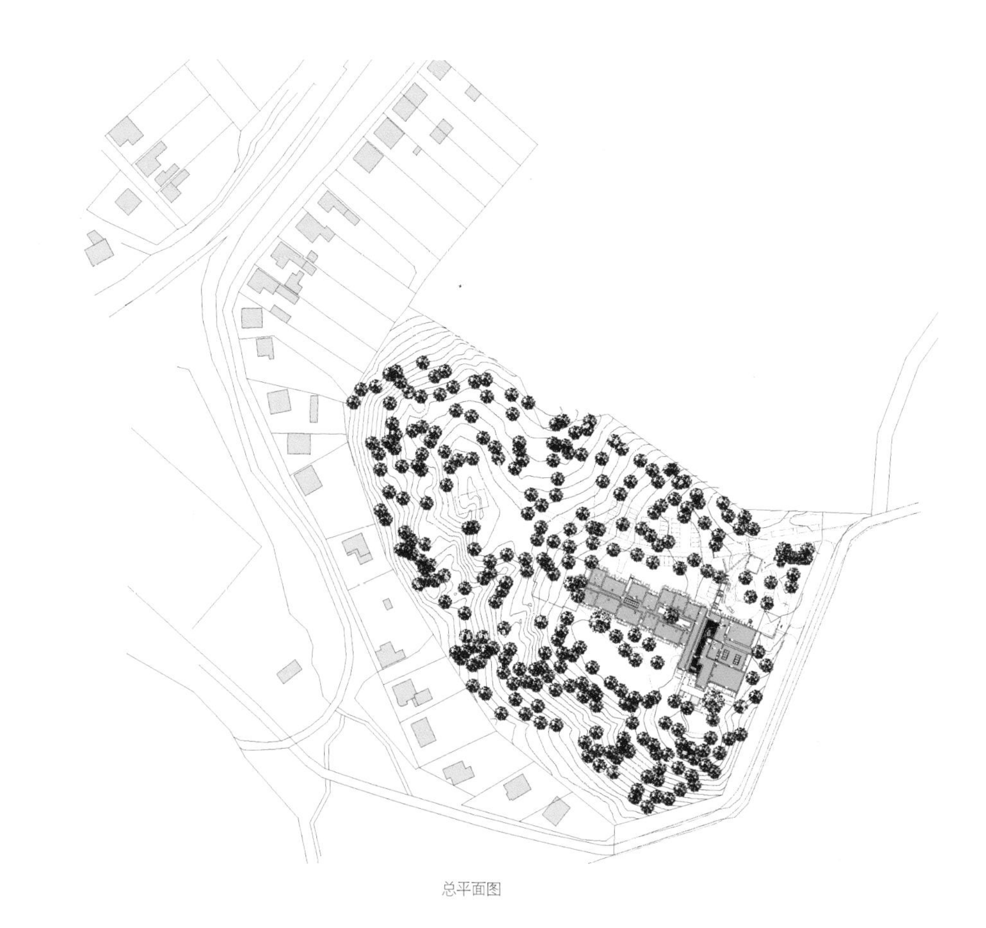

总平面图

上设置按一定节奏布置的木质脚手架来完成。站在这些脚手架上可以轻松完成重新抹灰。而且这些类似木钉般的木棒为西非地区砖砌建筑增添了独特的区域性特点。

该项目的设计目标是通过不同的功能实现非洲元素的"自然化"，使其在匈牙利环境下更容易被理解和接受。非洲的住宅都没有阳台，但是该项目拥有优美的自然环境，因此酒店必须设置阳台。在非洲地区，成排的木棒从墙面上伸出来，但是在匈牙利很少看到这种现象。然而，我们将这两种情况综合到一起，采用更长、更直的木梁来支撑阳台、遮阳织物以及分隔构件，这些元素也经常用于西非的荒漠草原地区。这些经过重新设计的非洲横梁为这个匈牙利班巴拉酒店提供了独特的外观效果。

BAMBARA

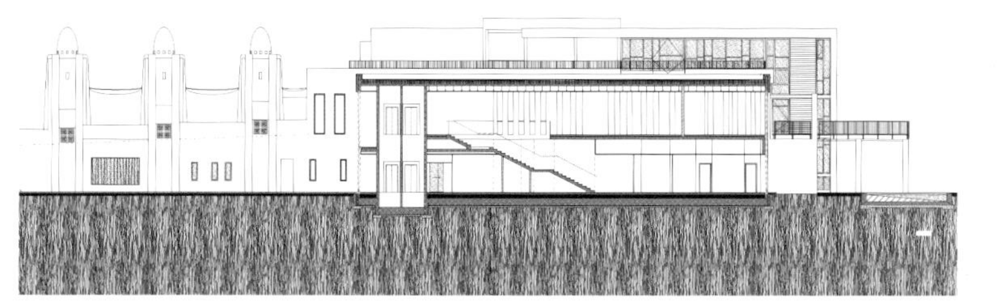

剖面图 1

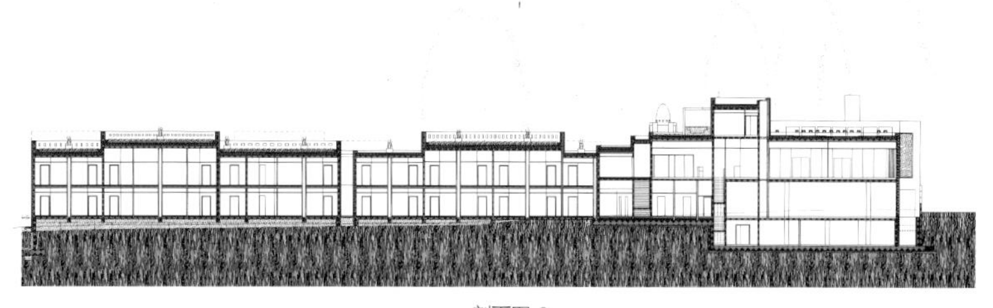

剖面图 2

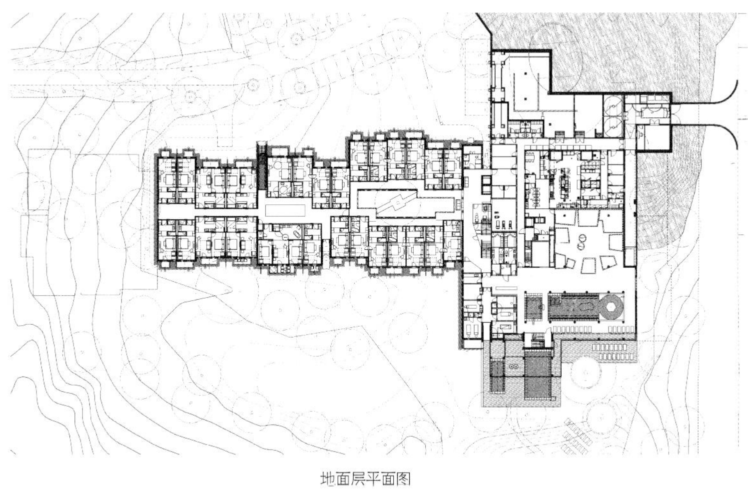

地面层平面图

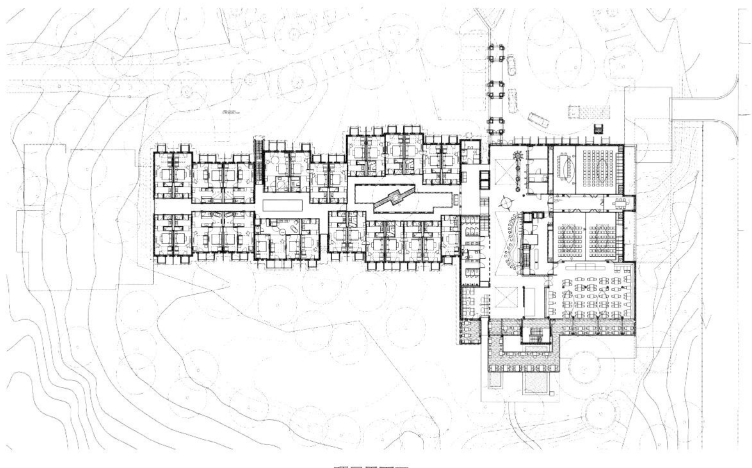

顶层平面图

城市中心阿里亚泳池

设计公司：GRAFT建筑师事务所
项目时间：2010年
项目地点：美国内华达州拉斯维加斯市阿里亚度假俱乐部内
项目面积：170 000平方英尺（15 794 平方米）
摄 影 师：里卡尔多·瑞德克斯

“城市中心”是一个由米高梅公司开发的面积达1 800万平方英尺（约1 672 255平方米）的多功能项目，所有建筑皆出自几位世界著名建筑师之手。这个占地76英亩（约30万平方米）的独特城市度假酒店位于著名的拉斯维加斯大道的中心位置，这里集结了豪华酒店、公寓、娱乐场、购物中心和娱乐场所等功能设施。迄今为止，它是美国历史上最大的私人投资开发的区域，也是世界上得到LEED认证的最大规模的项目。

“城市中心”由壮丽恢弘的酒店和住宅、娱乐场、水疗中心和零售区组成，包括阿里亚酒店、维戴拉酒店，文华东方酒店、维尔公寓及水晶购物中心等。主要的度假村和娱乐场所天池水台坐落在阿里亚的底层，是一个植被繁茂的热带泻湖。在城市中心更大的视野之中，它就是秀丽的水池旁一个拥有多间小屋的温馨圣地。这些建筑既有令人惊叹的秀丽风光，又融合了热带地区的富饶，同时反映了当代文化的简朴。该建筑包含一系列重叠的轮廓，既暗喻了流动性，又是一种为休息区创立空间层次的途径。该项目可以接待1 500位客人，拥有52个独立的小屋、两间酒吧、一间餐厅、一家零售店和一个欧洲泳池休息室。

这些独立建筑被设计成景观中的结构群，在与泳池和度假区内所有建筑保持统一的同时，又增添了独特的变化元素。这种效果通过采用类似的材料以及材料的不同外观造型得以实现。

Breeze Cafe

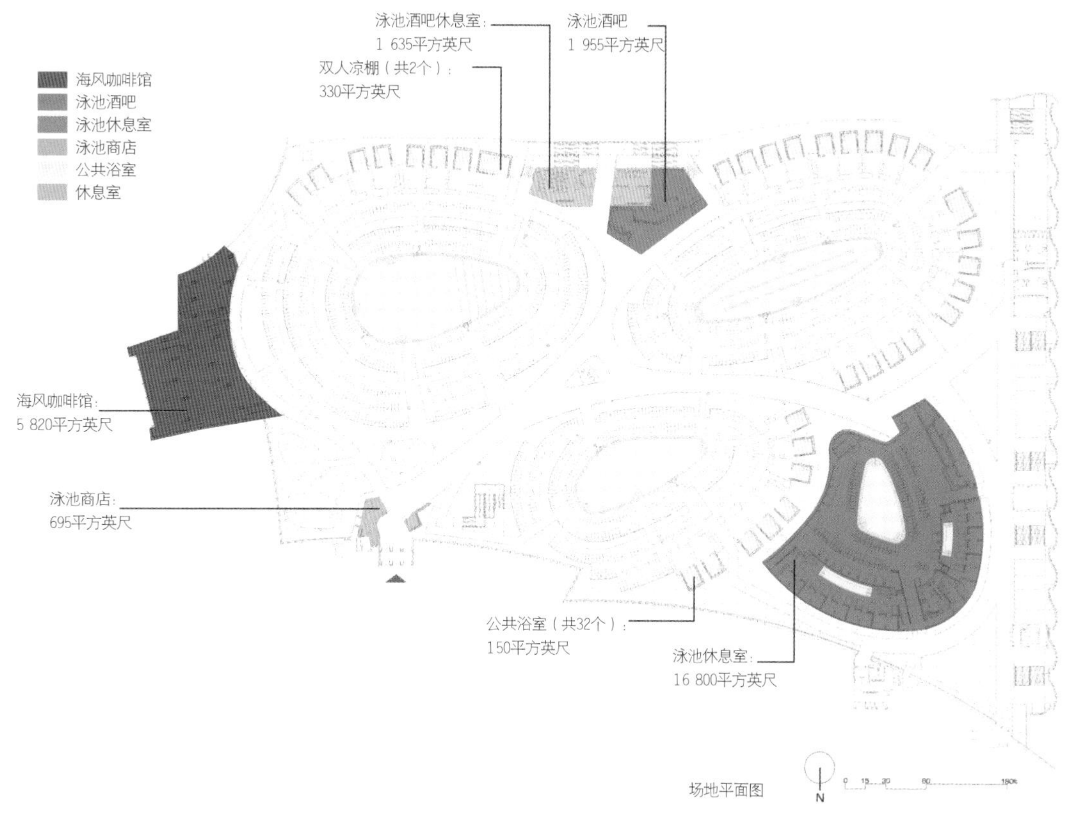

海风咖啡馆
泳池酒吧
泳池休息室
泳池商店
公共浴室
休息室
泳池酒吧休息室:
1 635平方英尺
泳池酒吧
1 955平方英尺
双人凉棚（共2个）:
330平方英尺
海风咖啡馆:
5 820平方英尺
泳池商店:
695平方英尺
公共浴室（共32个）:
150平方英尺
泳池休息室:
16 800平方英尺
N

场地平面图

LIQUID

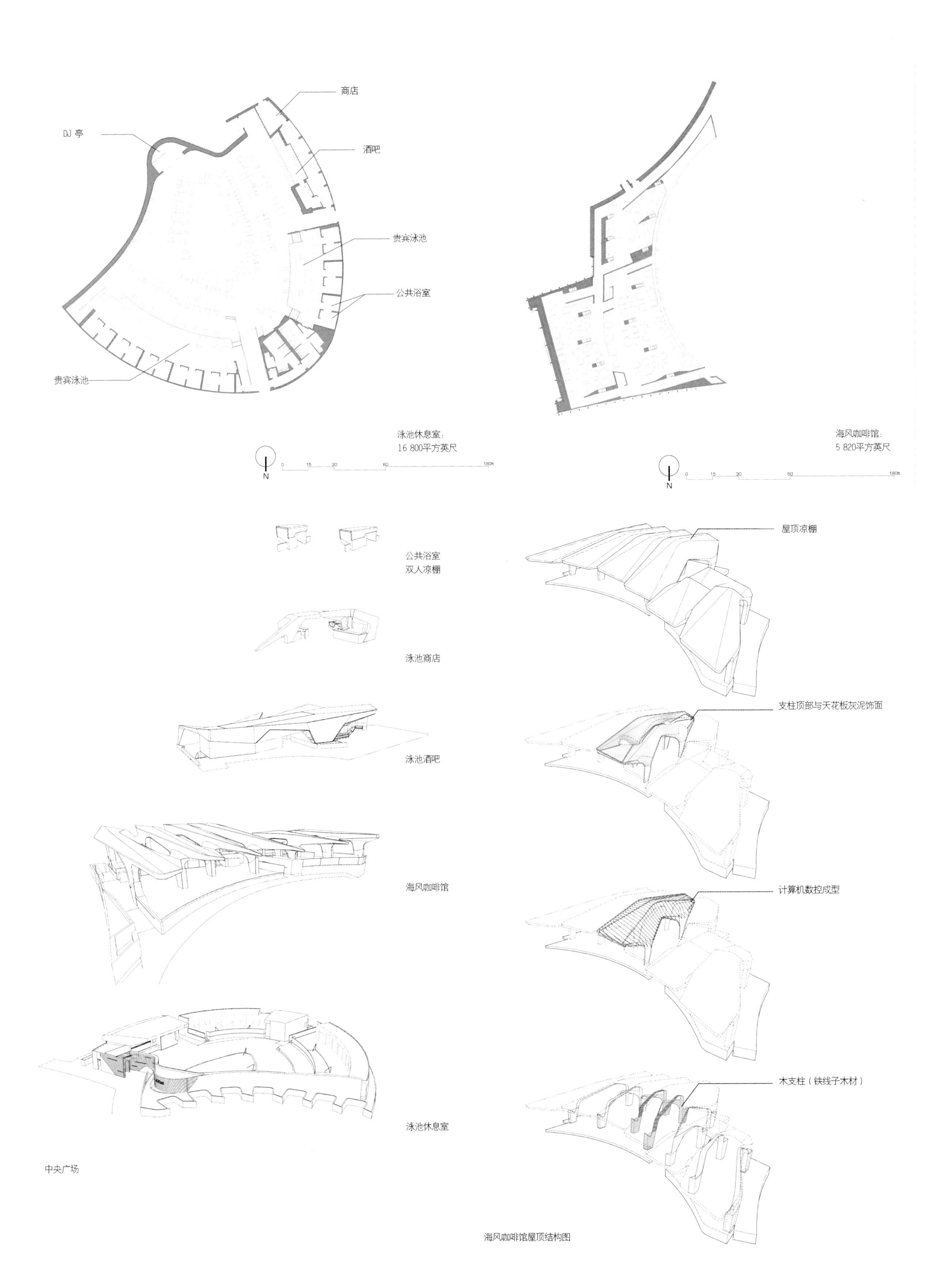

商店
DJ 亭
酒吧
贵宾泳池
公共浴室
贵宾泳池
泳池休息室:
16 800平方英尺
N
0
15
30
60
180ft
海风咖啡馆:
5 820平方英尺
N
0
15
30
60
180ft
公共浴室
双人凉棚
泳池商店
泳池酒吧
海风咖啡馆
泳池休息室
中央广场
屋顶凉棚
支柱顶部与天花板灰泥饰面
计算机数控成型
木支柱（铁线子木材）

海风咖啡馆屋顶结构图

隆恩酒店

设计公司：3LHD建筑事务所
项目时间：2011年
项目地点：克罗地亚伊斯特利亚半岛罗维尼市
占地面积：22 157平方米
摄 影 师：卡特·文顿、达米尔·法毕加尼克，3LHD建筑事务所

隆恩酒店是克罗地亚第一家设计酒店，坐落于罗维尼市最著名的旅游胜地——蒙特穆里尼森林公园内，紧邻带有传奇色彩的伊登酒店以及新建的蒙特穆里尼酒店。周围地带及公园用地是隆恩海湾内蒙特穆里尼森林内的一个独特保护区。

该项目被称之为“设计酒店”，是因为该建筑成功地将趣味性与功能性融合在一起。酒店设计方案由克罗地亚新一代著名建筑师、概念派艺术家以及产品、时尚与视觉设计师组成的创意团队合作完成。3LHD建筑事务所的建筑师们负责酒店建筑的设计与施工。除总体建筑外，大楼内部空间与设施也经过精心设计和挑选，使大楼具有独特的魅力。来自纽曼设计事务所的设计师们负责酒店设施的设计，而I-GLE时尚设计工作室则负责设计员工制服和其他纺织用品。艺术家斯尔维奥•乌吉西克专门为酒店的客房设计了独具特色的纺织品图案；酒店大厅的设施则由一群具有创造力的艺术家合作完成，包括艾瓦纳•弗兰克设计的“魅影空间”、斯尔维奥•乌吉西克设计的“寂静的空中花园”以及时尚设计工作室I-GLE设计的1、2、3号图案组合。健康中心和水疗中心由Studio92工作室设计完成，而卡普奥工作室完成了酒店的景观设计。布鲁克塔与兹尼克事务所完成酒店总体形象的设计工作。

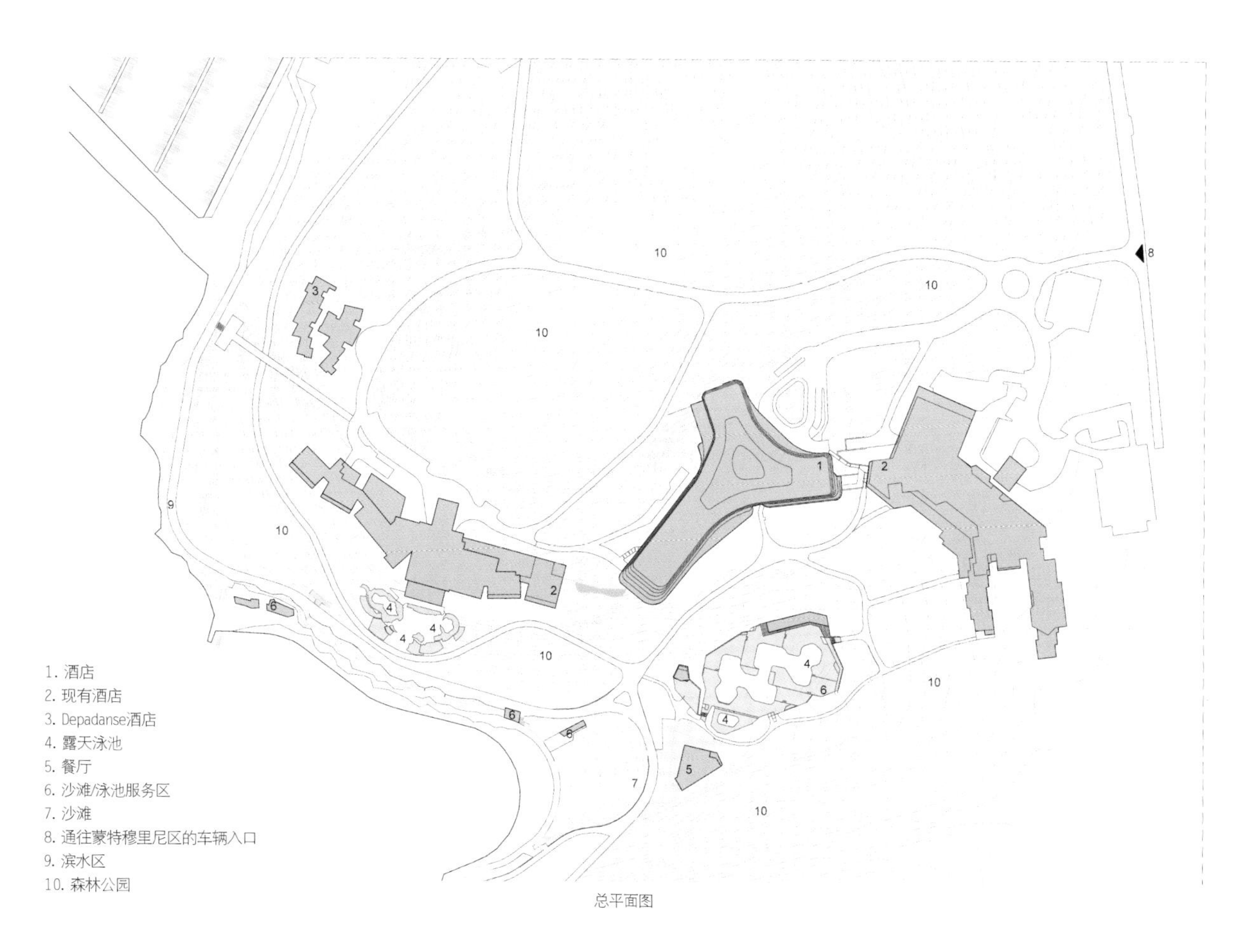
1
2
3
4
5
6
7
8
9
10
1. 酒店
2. 现有酒店
3. Depadanse酒店
4. 露天泳池
5. 餐厅
6. 沙滩/泳池服务区
7. 沙滩
8. 通往蒙特穆里尼区的车辆入口
9. 滨水区
10. 森林公园

总平面图

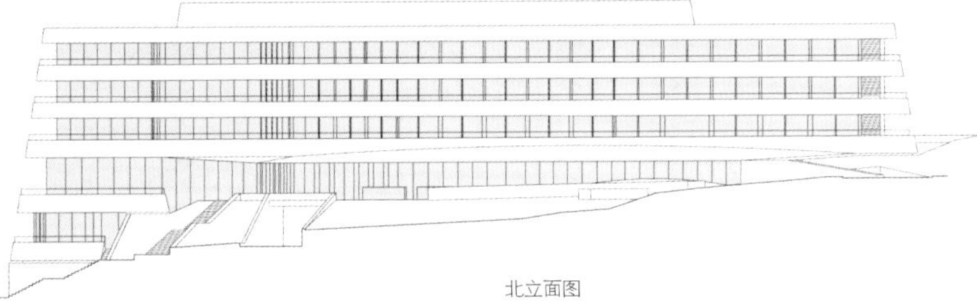

北立面图

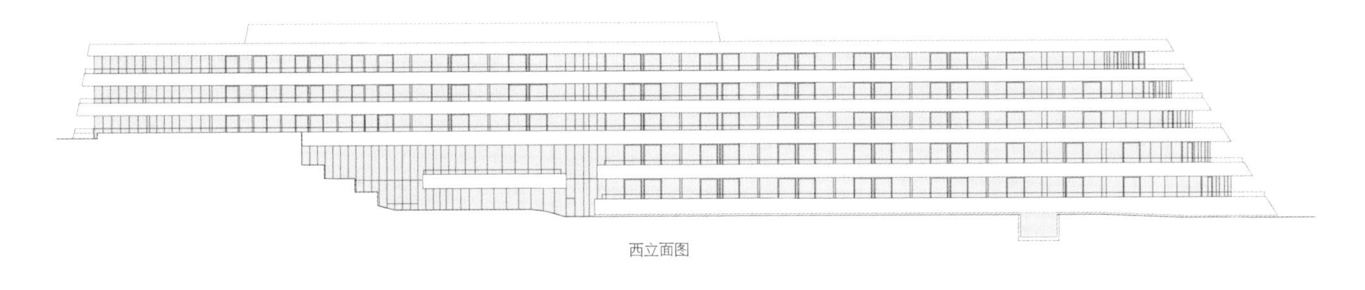

西立面图

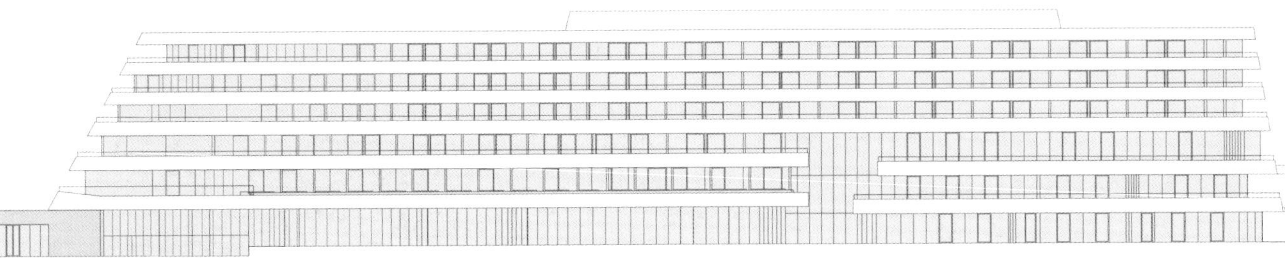

南立面图

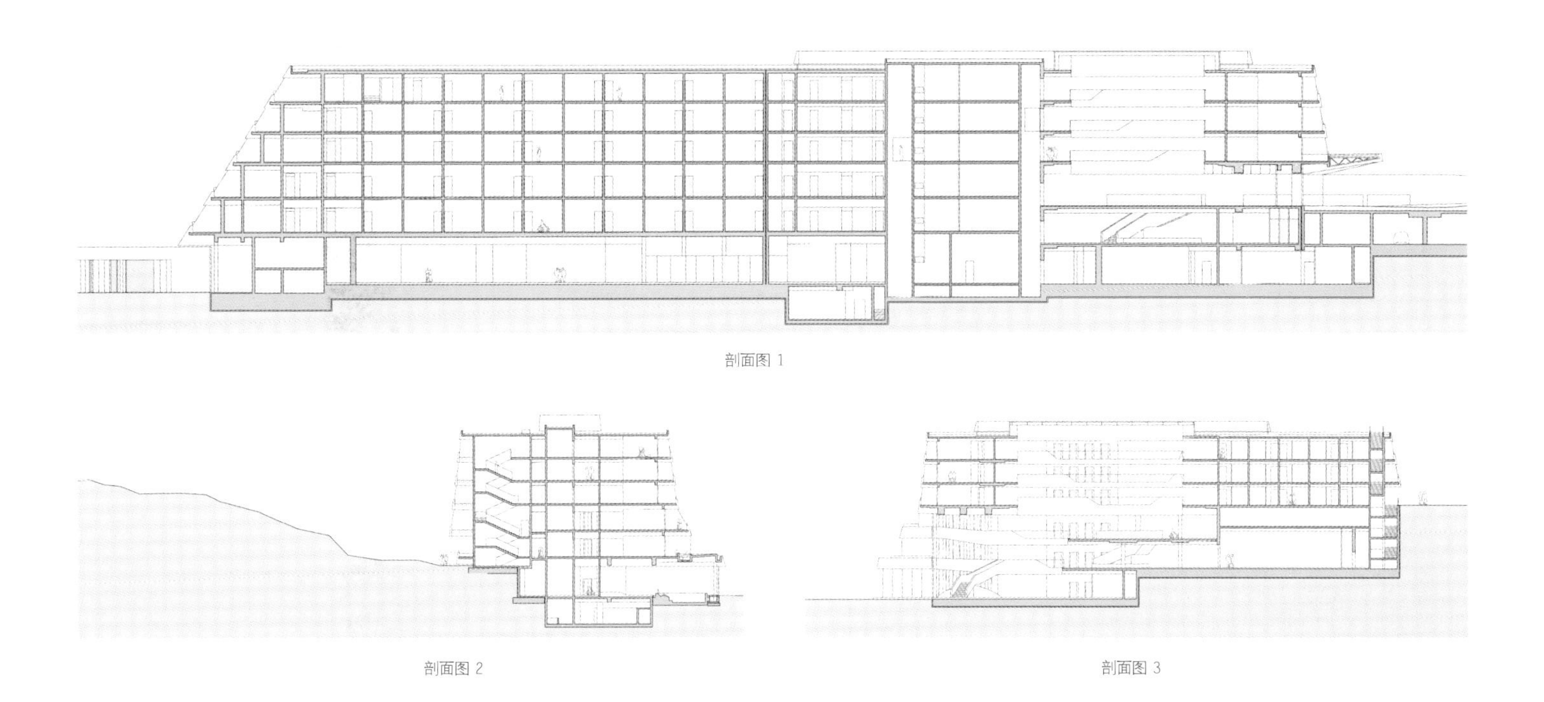

剖面图 1

剖面图 2

剖面图 3

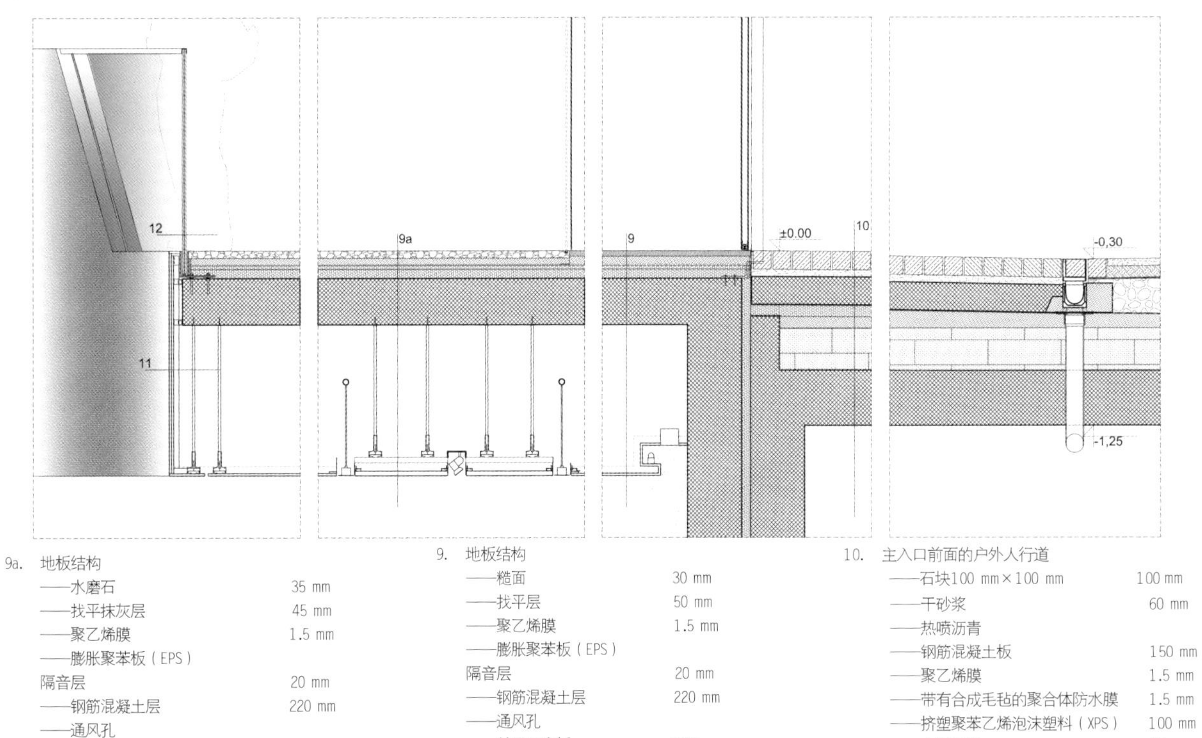

9a. 地板结构
——水磨石 35 mm
——找平抹灰层 45 mm
——聚乙烯膜 1.5 mm
——膨胀聚苯板（EPS）
隔音层 20 mm
——钢筋混凝土层 220 mm
——通风孔
——亨特道格拉斯框架结构
吊顶，由QuadroClad 25Flexalum板（银色或金色）和钛科丝隔音板（白色） 100 mm

9. 地板结构
——糙面 30 mm
——找平层 50 mm
——聚乙烯膜 1.5 mm
——膨胀聚苯板（EPS）
隔音层 20 mm
——钢筋混凝土层 220 mm
——通风孔
——单层石膏板 12.5 mm

11. 室内围墙
——双层石膏板 24 mm
——木立筋 30 mm
——钢立筋80 mm×50 mm×4 mm 80 mm
——木立筋 30 mm
——双层石膏板 24 mm

10. 主入口前面的户外人行道
——石块100 mm×100 mm 100 mm
——干砂浆 60 mm
——热喷沥青
——钢筋混凝土板 150 mm
——聚乙烯膜 1.5 mm
——带有合成毛毡的聚合体防水膜 1.5 mm
——挤塑聚苯乙烯泡沫塑料（XPS） 100 mm
——水泥砂浆 40 mm
——伊通砌块 215 mm
——带有铝膜的聚合体沥青防水膜 4 mm
——冷沥青预涂层
——钢筋混凝土层 220 mm

12. 室内玻璃围墙
——带有VSG 1010.4玻璃和透明PVB箔（2 mm×10 mm）的玻璃围墙 20 mm

入口细部图

lone

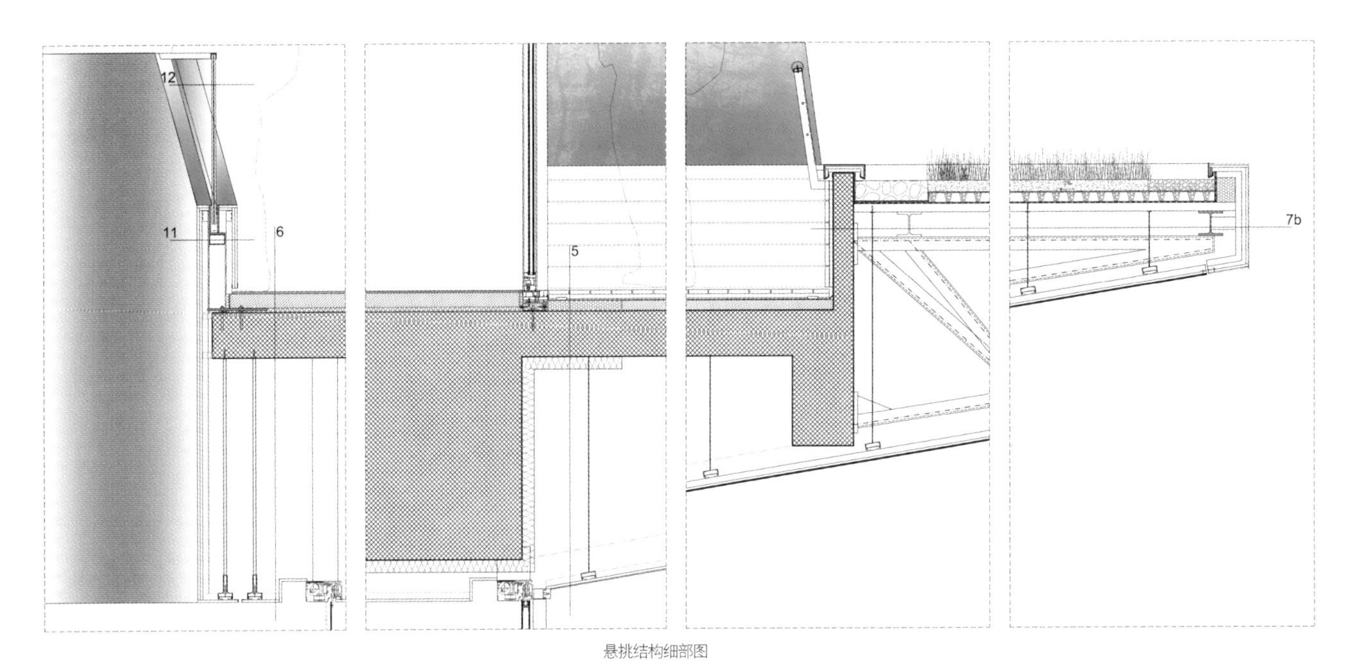

悬挑结构细部图

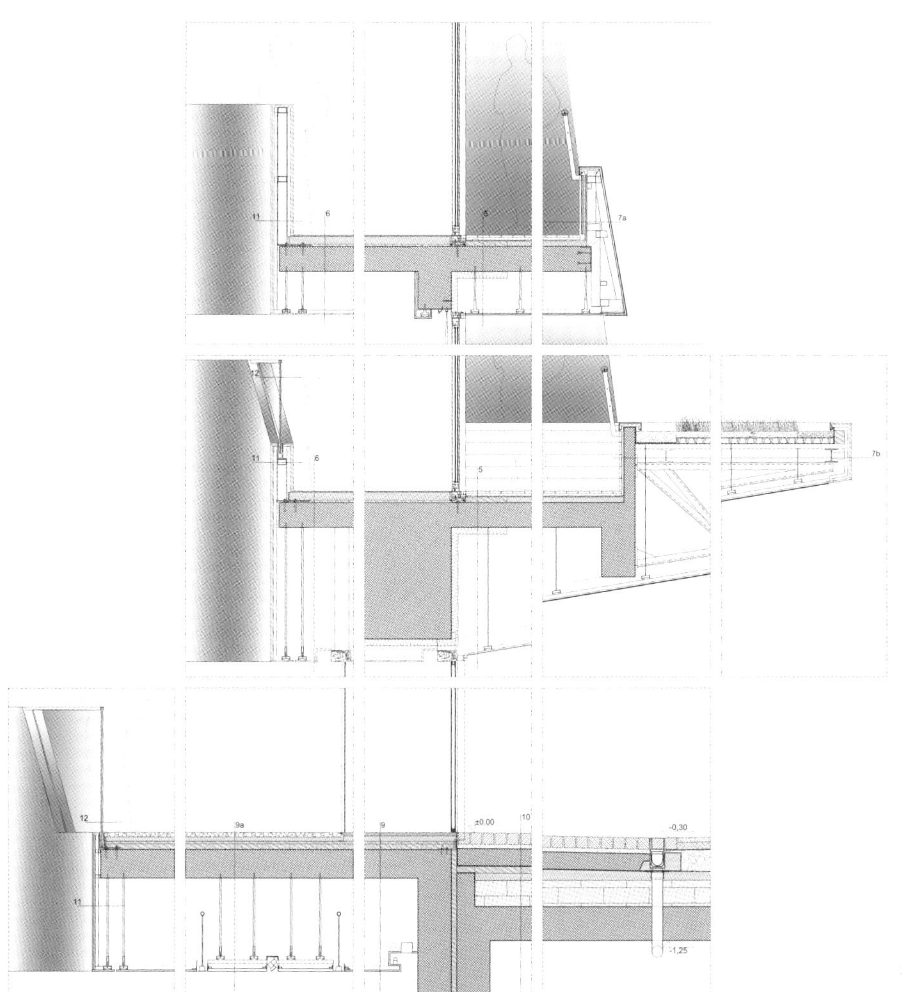

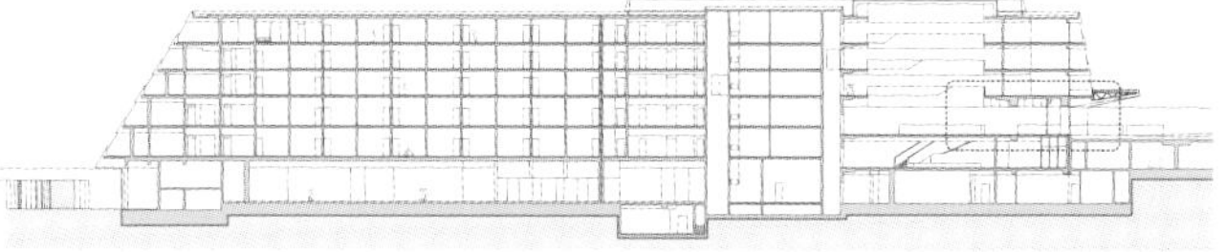

悬挑结构和山墙细部图

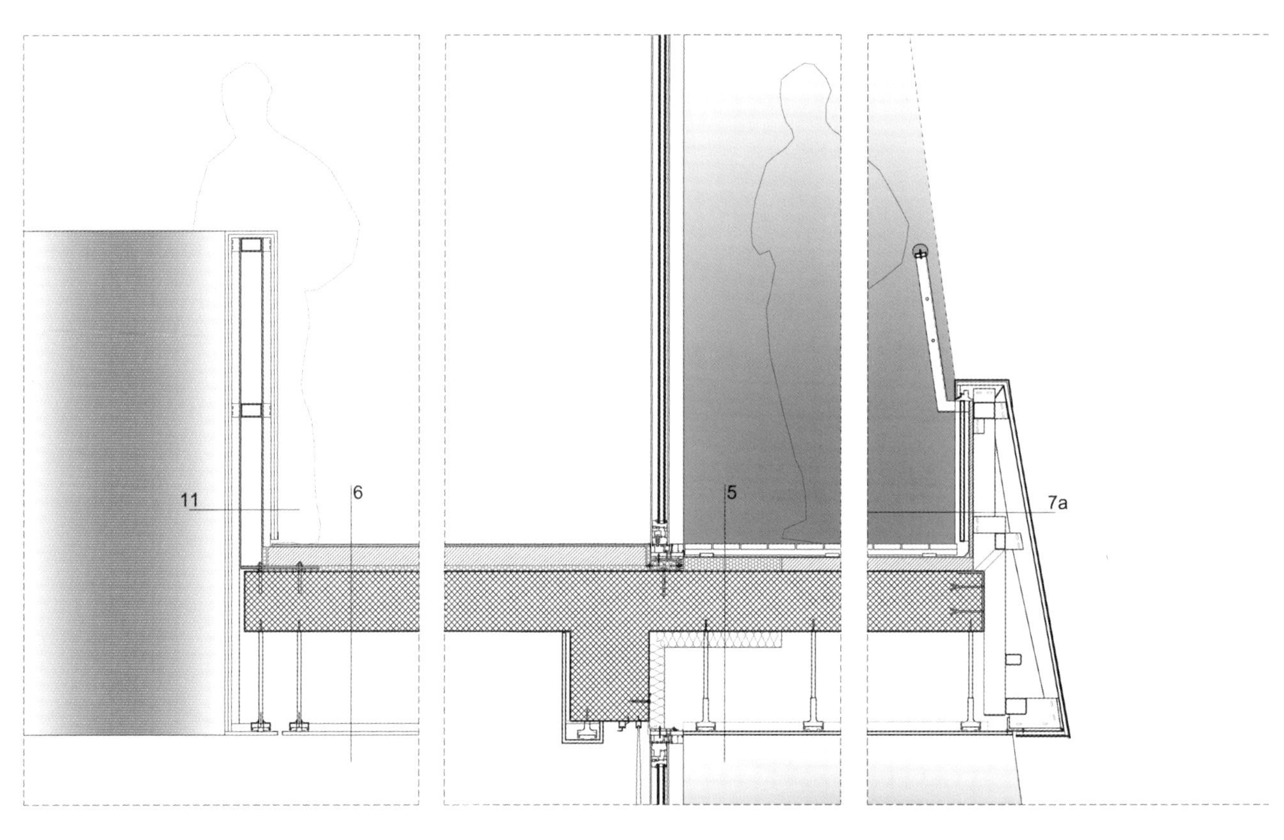

室内外山墙与栏杆细部图

1. 大厅
2. 服务台
3. 管理室
4. 啤酒店
5. 贵宾室
6. 会议室
7. 小礼堂
8. 咖啡馆
9. 卫生设施
10. 设备装置
11. 房间
12. 服务/消防楼梯
13. 员工室
14. 露台
15. 主入口
16. 停车场入口/出口

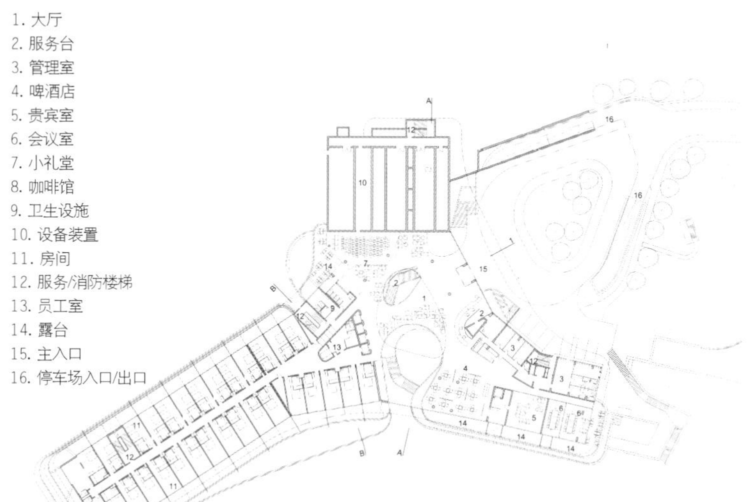

底层平面图

1. 门厅
2. 员工室
3. 房间
4. 消防/疏散楼梯

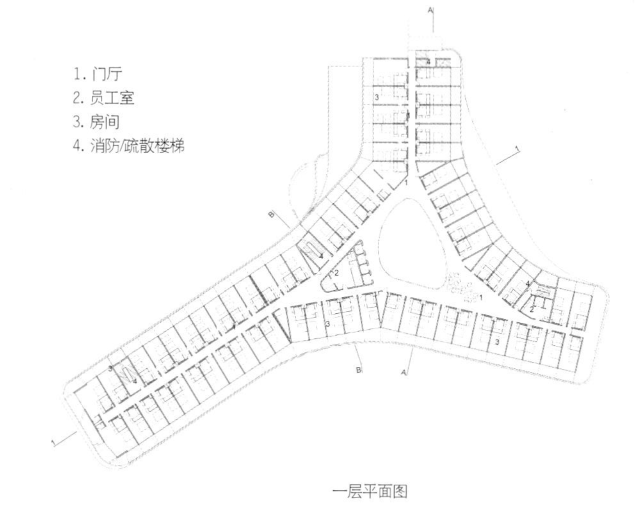

一层平面图

1. 门厅
2. 员工室
3. 房间
4. 消防/疏散楼梯

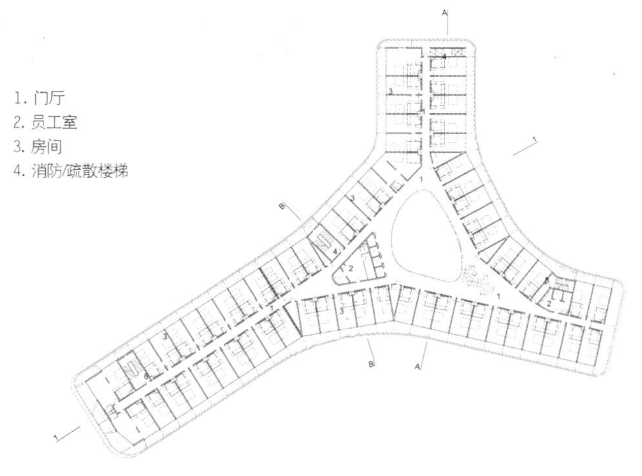

二层平面图

1. 门厅
2. 员工室
3. 房间
4. 消防/疏散楼梯

三层平面图

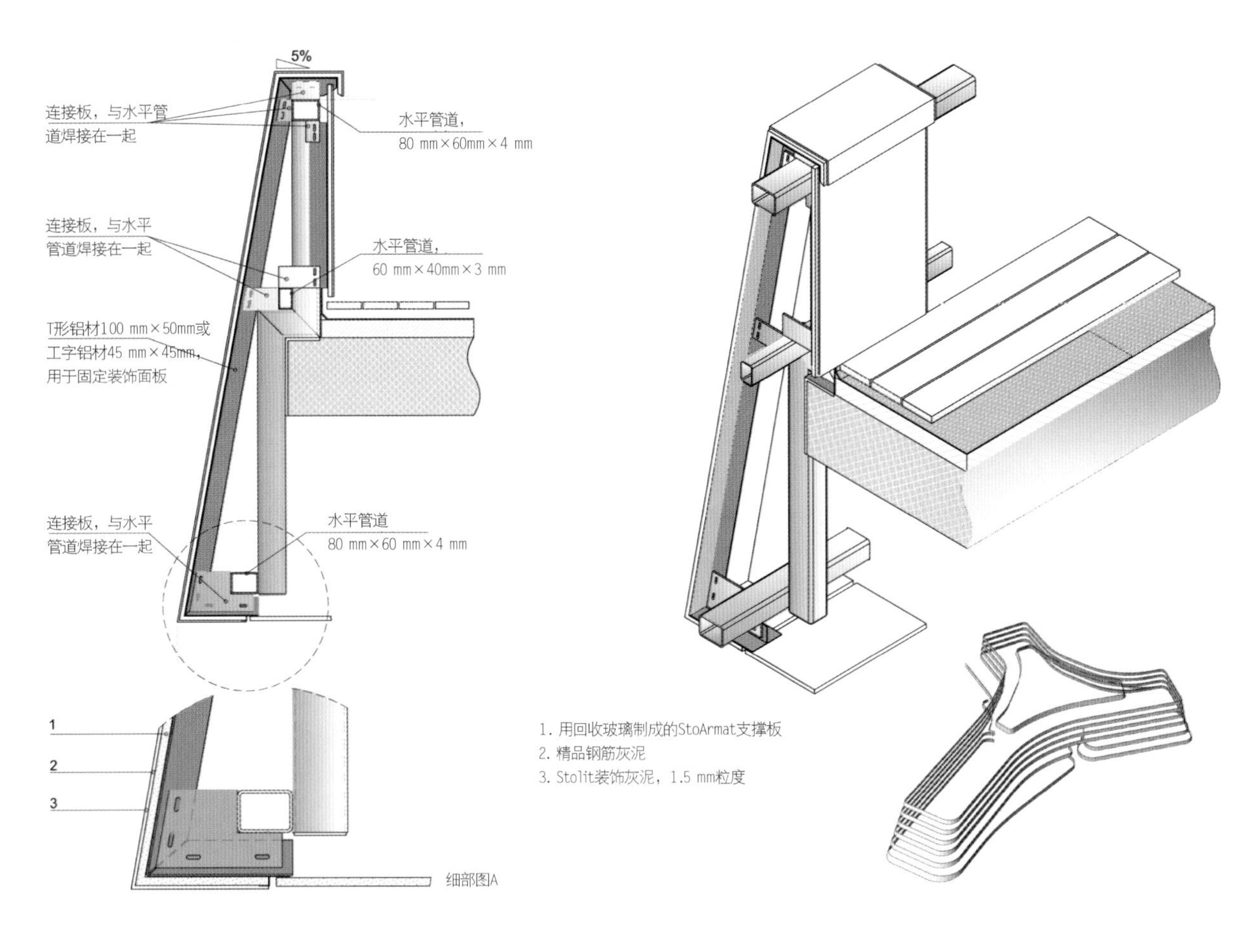
5%
连接板，与水平管
道焊接在一起
水平管道，
80 mm×60mm×4 mm
连接板，与水平
管道焊接在一起
水平管道，
60 mm×40mm×3 mm
T形铝材100 mm×50mm或
工字铝材45 mm×45mm，
用于固定装饰面板
连接板，与水平
管道焊接在一起
水平管道
80 mm×60 mm×4 mm
1
2
3
细部图A
1. 用回收玻璃制成的StoArmat支撑板
2. 精品钢筋灰泥
3. Stolit装饰灰泥，1.5 mm粒度

山墙细部图

lone
lone

Conference Room

巴塔哥尼亚高原酒店

设计公司：卡祖·泽格尔斯建筑事务所
项目时间：2011年
项目地点：智利第十二大区百内国家公园
项目面积：4 900平方米
摄　　影：卡祖·泽格尔斯建筑事务所（免费提供）

该酒店位于百内国家公园的入口处莎米安图湖湖畔，这条湖泊也是百内国家公园的区域界限之一。

湖水宛如一个平面支撑起壮丽的百内山峰。宏伟壮观的景色使人想到它的巨大可以和辽阔的疆土相媲美。

建筑造型追求与自然景观相互融合，而不是打破自然景观的连续性。酒店的外形让人们联想起古化石，仿佛一只搁浅在莎米安图湖边的史前动物，正是达尔文发现并研究的那些化石。该建筑仿佛从地面破壳而出，像是风在沙子上雕刻出的一条地面褶皱一般。建筑稳定地位于拥有多个斜坡的地面上，表面全部采用南美水洗智利樱桃木板进行装饰。这种装饰材料为酒店增添一种银色光辉，就像经过冬季洗礼的典型老木房。该项目的空间布局致力于打造温暖而舒适的空间环境，通过内部通道将这些空间相互联系到一起，使酒店充分利用扩建空间。

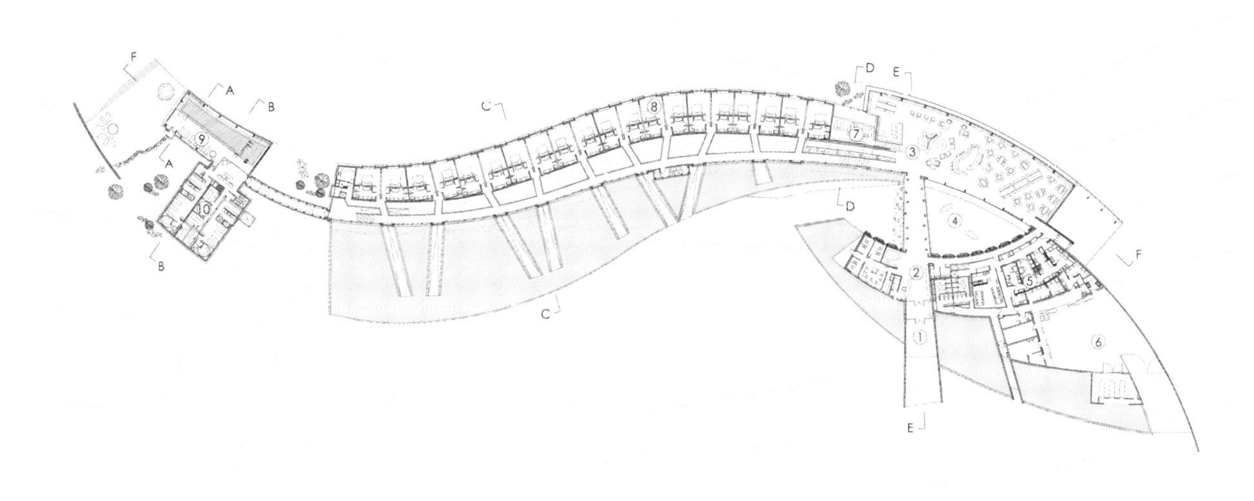

平面图

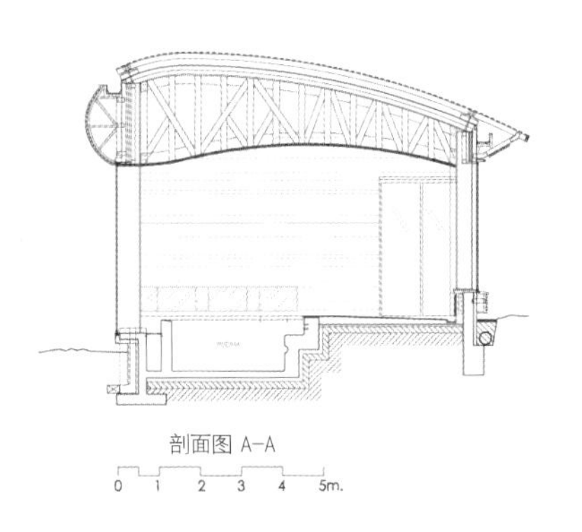
剖面图 A-A
0 1 2 3 4 5m.

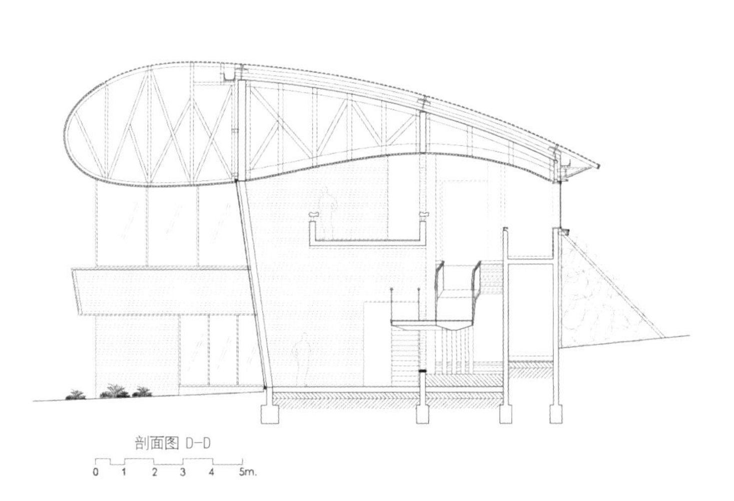
剖面图 D-D
0 1 2 3 4 5m.

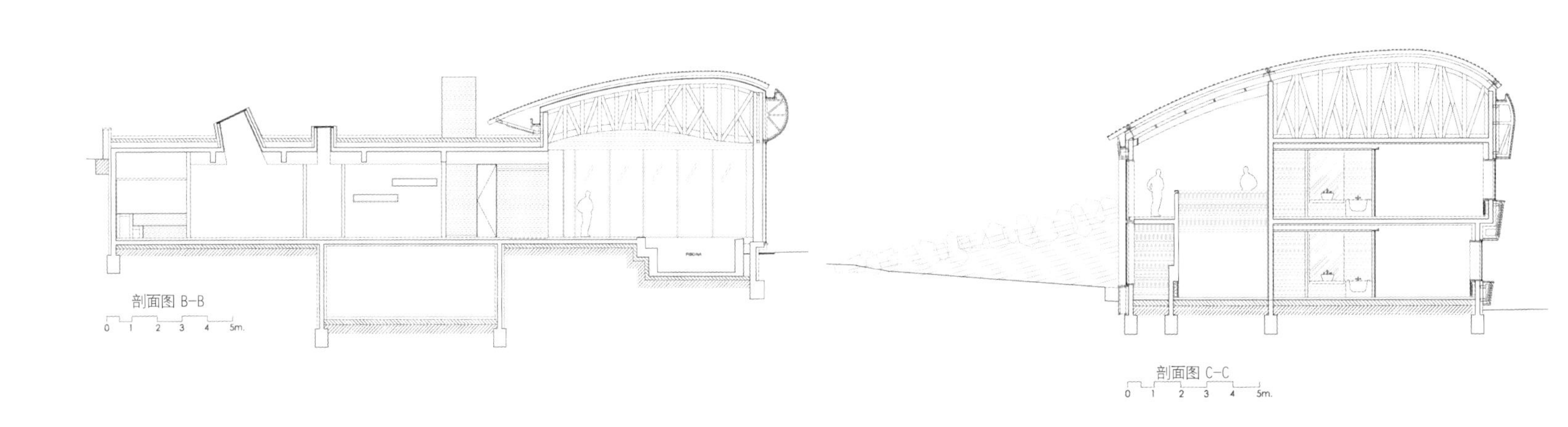
剖面图 B-B
0 1 2 3 4 5m.
剖面图 C-C
0 1 2 3 4 5m.

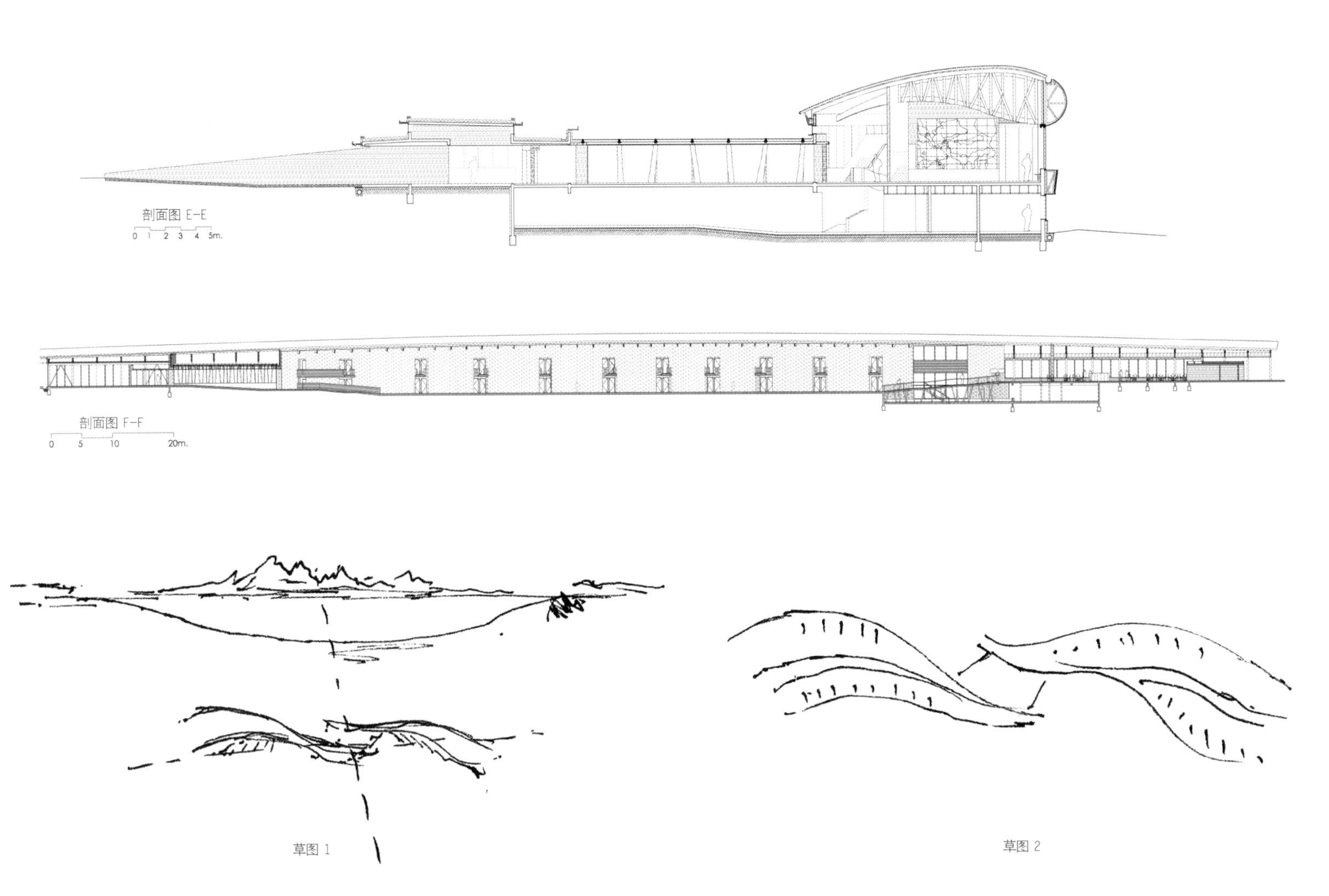

草图 1

草图 2

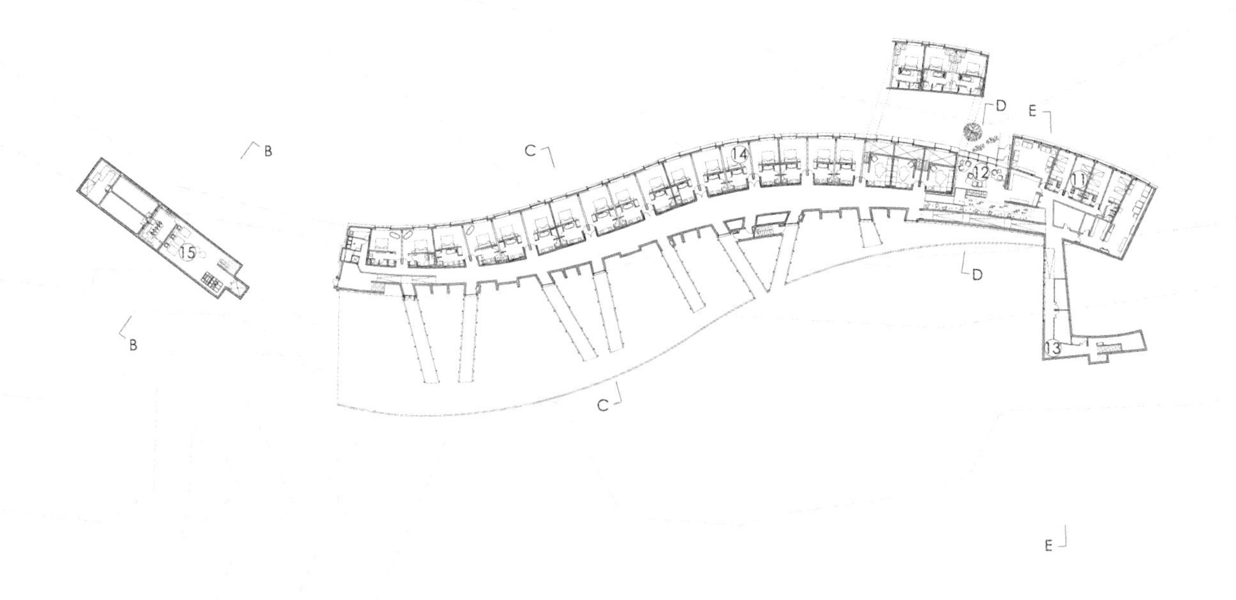
B
C
14
D
E
12
11
15
B
D
13
C
E
底层平面图-1.50
0 5 10 20 30 40 50 100m.